Golden Camellia Park of Nanning

国内外金花茶物种图鉴

物种图鉴

YELLOW
CAMELLIA
ILLUSTRATED
HANDBOOK

南宁市金花茶公园 —— 编著

广西科学技术出版社

图书在版编目（CIP）数据

国内外金花茶物种图鉴 / 南宁市金花茶公园
编著. —南宁：广西科学技术出版社，2021.11（2024.1 重印）
ISBN 978-7-5551-1716-2

Ⅰ．①国… Ⅱ．①南… Ⅲ．①山茶科—世界—图集
Ⅳ．① Q949.758.4

中国版本图书馆 CIP 数据核字（2021）第 252517 号

GUONEIWAI JINHUACHA WUZHONG TUJIAN

国内外金花茶物种图鉴

南宁市金花茶公园　编著

责任编辑：何杏华　　　　　　　　　　　责任校对：阁世景
责任印制：韦文印　　　　　　　　　　　装帧设计：韦娇林
排版助理：吴　康

出 版 人：卢培钊
出版发行：广西科学技术出版社
社　　址：广西南宁市东葛路 66 号　　　　邮政编码：530023
网　　址：http://www.gxkjs.com

印　　刷：北京虎彩文化传播有限公司

开　　本：889 mm×1194 mm　　1/16　　　字　　数：207 千字
印　　张：11.5
版　　次：2021 年 11 月第 1 版
印　　次：2024 年 1 月第 2 次印刷
书　　号：ISBN 978-7-5551-1716-2
定　　价：196.00 元

编委会

序 一

金花茶自 20 世纪 60 年代在广西首次被发现报道后,在园艺界引起了极大轰动,被誉为"植物界大熊猫""茶族皇后"。在此之前,庞大的茶花大家庭中还没有一个开黄色花朵的"兄弟姐妹"。而追求黄色茶花品种,一直是茶花育种者和爱好者的梦想。野生金花茶的发现,为茶花育种者提供了宝贵的种质资源,给培育出黄色花朵的茶花品种带来了可能和希望。当年,茶花育种者和爱好者为获得一根金花茶小枝条或一粒金花茶种子而费尽心思,一旦拥有了金花茶的繁殖材料,都会不遗余力地开展育种研究。根据有关文献资料记载,野生金花茶物种主要分布于中国西南部和东南亚地区。由于很多国家的茶花研究者都在积极开展金花茶引种栽培及其相关研究工作,因此,现在金花茶已传播到世界各地,目前在亚洲其他地区、美洲、大洋洲、欧洲等地都能看到金花茶的倩影。

尽管各国学者对金花茶的研究也不少,但是目前有关金花茶的专著并不多。中国广西的南宁市金花茶公园是世界上首个以栽培、研究国家珍稀濒危保护植物金花茶为主,同时致力于收集、保存、利用其他山茶属植物的公园,是中国金花茶育种研究基地,首批国家花卉种质资源库,国际杰出茶花公园。公园设立有专门的科研部门,早在 1982 年就开始了金花茶相关的科学研究。《国内外金花茶物种图鉴》正是南宁市金花茶公园的科研工作者几十年来科研成果的集中体现。

《国内外金花茶物种图鉴》是目前国内唯一比较全面系统介绍国外金花茶物种的图书,也是详细介绍金花茶物种数量最多的图书。该书收录了 26 个金花茶物种的模式标本图片,系统介绍了 40 个国内外金花茶物种(变种)的形态特征及识别要点,并配以 800 多幅高清图片,还详细介绍了金花茶的栽培繁殖技术、常见病虫害及其防治以及开发应用。该书的出版,对金花茶物种的分类识别有很高的参考价值,可以帮助金花茶爱好者和育种者鉴别金花茶物种,书中介绍的金花茶相关技术也可以很好地服务金花茶产业发展。该书的出版将对金花茶事业的发展起到很大的推动作用,这是茶花界的一件幸事和乐事。在此谨向南宁市金花茶公园取得的优异成果以及该书的出版表示衷心的祝贺!

国际山茶协会主席
研究员、博士生导师
2021 年 4 月 2 日

序 二

　　20 世纪 60 年代，金花茶在广西首次被发现和命名后，世界范围内就掀起了搜寻和研究金花茶的热潮，国外的茶花研究者纷纷前来我国进行实地考察和交流。20 世纪 70 年代末，金花茶就被引种到日本。时至今日，金花茶已遍布世界各地。

　　随着对金花茶研究的深入，越来越多新的金花茶物种被发现和命名，如富宁金花茶（*Camellia mingii*）、隆安金花茶（*C. rostrata*）等，都是近年来在我国被发现的。除此之外，近年来在越南也陆续发现了许多新的金花茶物种，如多毛金花茶（*C. hirsuta*）、三岛金花茶（*C. tamdaoensis*）、厚叶金花茶（*C. crassiphylla*）、潘氏金花茶（*C. phanii*）等。这些新的金花茶物种，我们对其形态特征、生长习性、地理分布等信息缺乏全面的了解和掌握，相关研究的文献资料也非常匮乏。为此，南宁市金花茶公园组织相关科研人员收集、总结了多年积累下来的研究成果，编撰出版《国内外金花茶物种图鉴》一书，以满足广大茶花研究者、爱好者的需求。

　　该书共收录了国内外金花茶物种（变种）40 个，其中包括国内种 27 个，越南种 13 个，详细介绍了各个金花茶物种的形态特征及识别要点、栽培繁殖技术、常见病虫害及其防治、开发应用等内容，并附有大量精美的高清图片。书中收录金花茶种类之多，图片数量之大，内容之丰富，堪称首创。

　　该书的出版，将有利于我国的金花茶产业可持续健康发展，对提升我国的金花茶研究水平和国际影响力产生深远影响。本人作为南宁市金花茶公园的科研工作者和金花茶的忠实爱好者，对该书的出版甚感欣慰，在此表示诚挚的祝贺！

黄连冬

金花茶育种专家
高 级 工 程 师
2021 年 4 月 22 日

前　言

　　金花茶分类上属山茶科山茶属，是对开黄色花朵的茶花物种的统称。自 1960 年金花茶首次在我国广西被发现并报道以来，就引起了国内外学者的高度重视，在国内被誉为"植物界大熊猫""茶族皇后"，在国外则被称为"幻想中的黄色山茶"。金花茶蕴含珍贵稀有的黄色基因，使其具有重要的观赏和科研价值。金花茶富含天然有机锗、硒、锰、钒等微量元素，以及茶多酚、儿茶素、黄酮、维生素、氨基酸等营养物质，对人体有重要的保健价值，2010 年卫生部批准金花茶为新资源食品。

　　自 2012 年以来，在国内又陆续发现了一些新的金花茶物种，在国外特别是越南，许多金花茶新种陆续被发现，可见越南野生金花茶物种资源也相当丰富。截至目前，国内尚未有介绍越南金花茶物种的书籍，这对我们系统研究和开发应用金花茶造成诸多不便。因此，我们始终以编撰出版一本全面系统详细介绍国内外金花茶物种的书籍为初心，展开了《国内外金花茶物种图鉴》的资料收集和编撰工作。

　　本书凝结了南宁市金花茶公园几代科研人员的心血。倚赖于公园金花茶基因库收集的国内外金花茶物种，我们可以详尽观察记录各金花茶物种的形态特性，并拍摄、收集大量相关的高清图片收录于书中第三章；得益于公园相关技术人员长期以来在金花茶栽培繁殖等方面的实践经验，我们将其总结收录于书中第四章、第五章。本书收录了 26 个已发表金花茶物种的模式标本图片，全面系统地介绍了国内外 40 个金花茶物种（变种）的形态特征及识别要点、栽培繁殖技术、常见病虫害及其防治、开发应用，以期更好地服务于金花茶研究应用及其产业发展。

　　本书中金花茶物种的排列顺序，先按国内、国外金花茶物种进行排列，然后国内、国外金花茶物种再分别按照其拉丁学名中种加词的字母顺序排列。

　　囿于经验有限，书中难免有疏漏之处，敬请读者批评指正。

编者

2021 年 3 月

目录

第一章　金花茶物种资源概述

一、"金花茶"一词的由来及演变

1960 年 12 月，广西药物研究所科研人员在广西邕宁县（现邕宁区）采到了黄色茶花，后经我国著名植物学家胡先骕先生鉴定为山茶科连蕊茶属的一个新种，定中文名为"金花茶"，拉丁学名为 *Theopsis chrysantha* Hu。至此，"金花茶"一词开始出现在书籍、报刊上。1974 年，经日本茶花专家津山尚博士鉴定，此物种应归属山茶科山茶属，故改拉丁学名为 *Camellia chrysantha*（Hu）Tuyama，并于 1975 年正式发表。

随着时间的推移和科学研究的发展，"金花茶"一词的内涵也在不断变化和丰富。"金花茶"一词刚出现时是特指 *Camellia chrysantha*（Hu）Tuyama 这个种。随着植物学家陆续发现其他种类的金花茶，"金花茶"一词的内涵也逐渐丰富起来，开始泛指山茶属金花茶组（Sect. *Chrysantha* H. T. Chang）一大类植物。近年来，随着越南陆续发现许多开黄色花朵的茶花，它们很多并不属于金花茶组，而分属于山茶属其他组。因此现在我们所说的"金花茶"一词，一般泛指山茶科山茶属中开黄色花朵这类植物种的统称。

图 1-1　金花茶

二、 世界金花茶物种资源分布现状

金花茶属山茶科山茶属（*Camellia*），常绿灌木至小乔木，花色金黄、黄或淡黄，花期为 5 月至翌年 3 月。金花茶的地理分布范围在北纬 10° 57′ ～ 25° 43′，东经 102° 43′ ～ 109° 06′；垂直分布主要在海拔 50 ～ 1200m 的丘陵低山、台地和山间的沟谷两旁或溪边。

目前，已发现的金花茶物种主要分布于中国和越南。在中国，已在西南部的广西、云南和贵州发现有野生金花茶资源的分布。其中广西分布的野生金花茶种类最多，常见的有金花茶（*C. chrysantha*）、中东金花茶（*C. achrysantha*）、防城金花茶（*C. nitidissima*）、毛瓣金花茶（*C. pubipetala*）、凹脉金花茶（*C. impressinervis*）、崇左金花茶（*C. perpetua*）、东兴金花茶（*C. tunghinensis*）等种；云南和贵州各发现 2 个金花茶原生种，其中簇蕊金花茶（*C. fascicularis*）、富宁金花茶（*C. mingii*）分布于云南，离蕊金花茶（*C. liberofilamenta*）、贵州金花茶（*C. huana*）分布于贵州。

图 1-2　东兴金花茶

在越南，从北部到南部的许多省份都有野生金花茶资源分布。据相关资料统计，目前越南有 17 个省（直辖市）已发现有野生金花茶资源分布，分别是谅山省、广宁省、北江省、河内市、太原省、永福省、富寿省、宣光省、北干省、宁平省、和平省、义安省、芽庄省、清化省、庆和省、林同省和同奈省。其中野生金花茶资源较丰富的省份有谅山省、永福省、林同省和太原省。同奈省是越南拥有野生金花茶资源分布的最南端。在越南分布较多的金花茶种类有黄抱茎金花茶（*C. murauchii*）、红顶金花茶（*C. insularis*）、五室金花茶（*C. aurea*）、多毛金花茶（*C. hirsuta*）、三岛金花茶（*C. tamdaoensis*）、箱田金花茶（*C. hakodae*）、潘氏金花茶（*C. phanii*）和厚叶金花茶（*C. crassiphylla*）。

图 1-3　生长在越南永福省常绿阔叶林下的野生厚叶金花茶　　　图 1-4　引种至南宁市金花茶公园的越南黄抱茎金花茶

三、金花茶在全球范围内的引种传播

目前，虽然发现的野生金花茶物种资源只分布于中国和越南，但是很多国家都在开展金花茶的引种栽培研究工作。早在 1976 年，西班牙就成功引种了金花茶。1979 年，由日本茶花专家津山尚博士为团长的日本茶花园艺植物友好访华团就从中国获得了两根金花茶枝条。1980 年 2 月，由日本茶花专家萩屋薰为团长的日本茶花友好访华团又从中国获得了金花茶、大叶金花茶、小果金花茶三种金花茶的枝条各一根。这些珍贵的金花茶枝条被带回日本后，嫁接到了茶梅上，并培育成功，为后来金花茶在日本的广泛传播创造了有利条件。

如今，金花茶已传播到世界各地，在亚洲、大洋洲、美洲、欧洲都能看到它们的身影。除原产地中国、越南外，日本和澳大利亚是栽培、研究金花茶比较多的两个国家。现在日本和澳大利亚不仅能看到原产于中国的金花茶，也能看到原产于越南的金花茶。这两个国家也利用金花茶的黄色基因广泛开展杂交育种工作，已成功选育出一批开黄色花朵的茶花新品种。

四、金花茶的用途

金花茶叶色浓绿、花色金黄，可盆栽观赏或用于园林绿化。由于其蕴含独特的黄色基因，因而是培育黄色茶花的重要种质资源。除此之外，金花茶的叶、花在中国和越南已经被用于制作叶茶和花茶供人们饮用。

图 1-5　1976 年引种到西班牙加利西亚 Pazo de Rubiansa 庄园的防城金花茶植株
1-植株生长健壮、花繁叶茂；2-在 2014 年西班牙国际茶花大会上，相关负责人向与会嘉宾介绍该植株

第二章 金花茶物种模式标本

一、植物模式标本

同属植物种间的外貌差异有时不是很显著，为了使各种植物的名称与其所指的物种之间具有固定的、可以核查的依据，在给新物种命名时，除了要有拉丁文的描述（或特征集要）和图解，还要将研究和确立该物种时所用的标本赋予特殊的意义，加以重视，并永久保存，作为今后核查的有效凭证。这种用作种名根据的标本被称为模式标本（type specimen），即作为规定的典型（type）标本，是物种名称的依附实体，是"名称的携带者"。对于任何一种植物，与模式标本相同的标本有无数个，即该种的所有个体的集合，它们在划分类群上是等价的，但在命名上，却只能依据模式标本进行。现行的植物分类法规中模式标本主要有以下几种：

主模式标本（holotype）：

也称正模式标本，是指真正成为模式的一份标本，即由发表者鉴定，并已有效发表的那份标本。

等模式标本（isotype）：

也称同号模式标本或复模式标本，是指主模式标本的重复号标本。

副模式标本（paratype）：

是指除等模式标本外的与主模式标本同时被引用的那些标本。

合模式标本（syntype）：

也称等值模式标本，是指发表者未特别指定哪份为主模式标本时所引用的全部标本。

后选模式标本（lectotype）：

也称选定模式标本，是后来的研究者从合模式标本中选定最合适的那份标本充当主模式标本用，此份标本的意义与主模式标本相同。

新模式标本（neotype）：

也称代模式标本，是指最初发表该物种时所引证的所有标本均已损失，由后来的研究者另外指定的适宜标本，此份标本充当主模式标本用。

二、金花茶物种模式标本

现有的金花茶物种模式标本保存于中国和越南的各大标本馆，本书中收集并展示 26 个金花茶物种的模式标本照片，这些模式标本保存完好，花、果、叶、枝条等主要器官特征明显可鉴，以兹为金花茶物种分类识别提供一定的参考依据和借鉴意义。

图 2-1　中东金花茶副模式标本

2. 金花茶

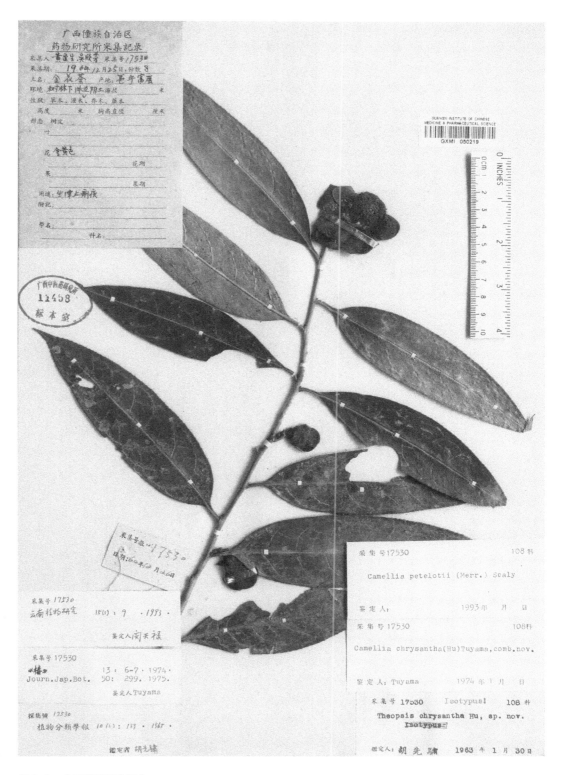

图 2-2　金花茶等模式标本

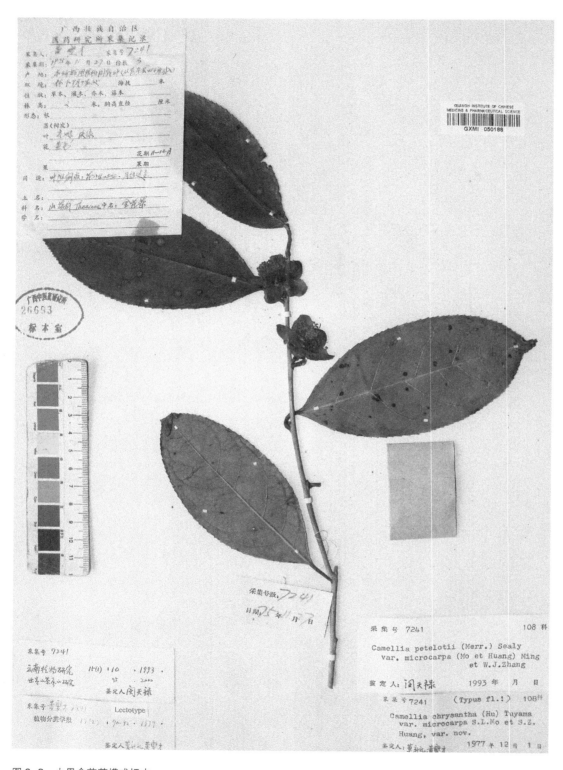

图 2-3　小果金花茶模式标本

4. 德保金花茶

广西中医药研究院采集记录
采 集 号：HRC151225001　标本份数：4
采 集 人：胡仁传、刘博永清
采集日期：2015 年 12 月 25 日
采集地点：德保县敬德镇驮良村
环境：灌丛、洞口、石灰土
出现多度：少　生活型：灌木
资源类型：野生
皮：　　叶：叶背有毛
花：黄色　株高：2.5m
果实及种子：
用途：
土名：
科名：山茶科
植物名：茶属
备注：

图 2-4　德保金花茶主模式标本

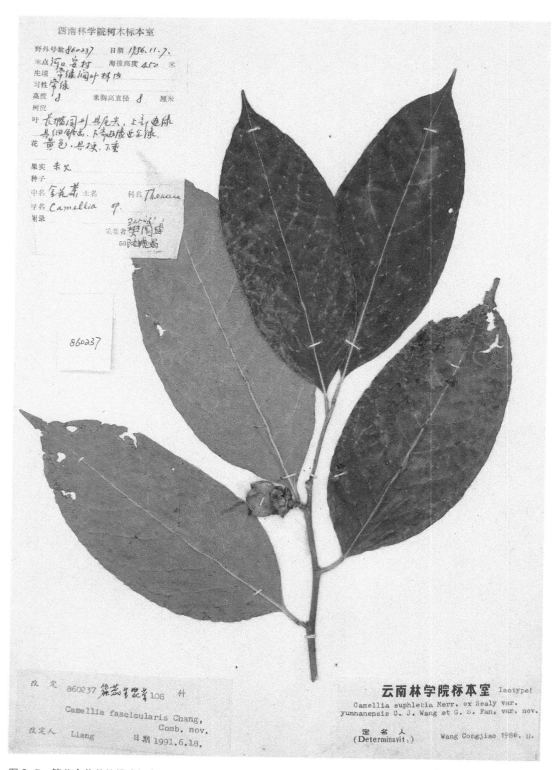

图 2-5　簇蕊金花茶等模式标本

6.扶绥金花茶

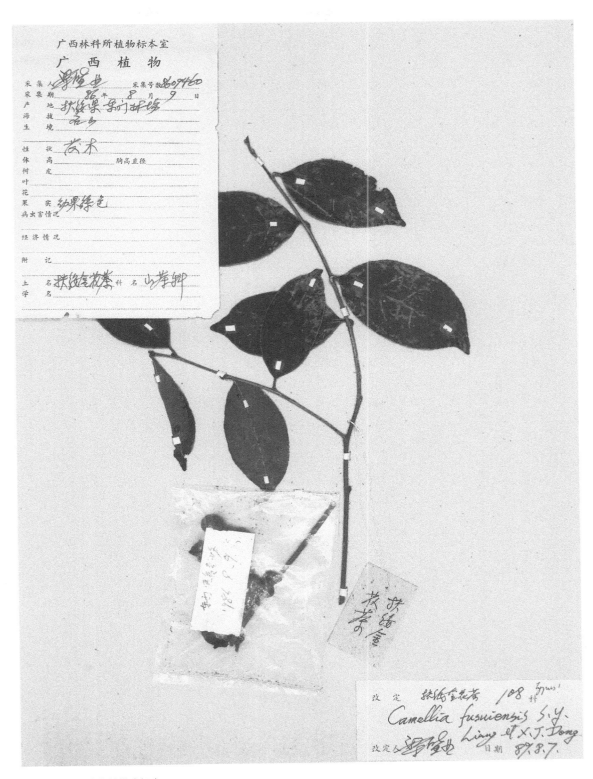

图2-6　扶绥金花茶模式标本

图 2-7　贵州金花茶模式标本

8. 凹脉金花茶

图 2-8 凹脉金花茶模式标本

图 2-9　薄瓣金花茶合模式标本

10. 柠檬黄金花茶

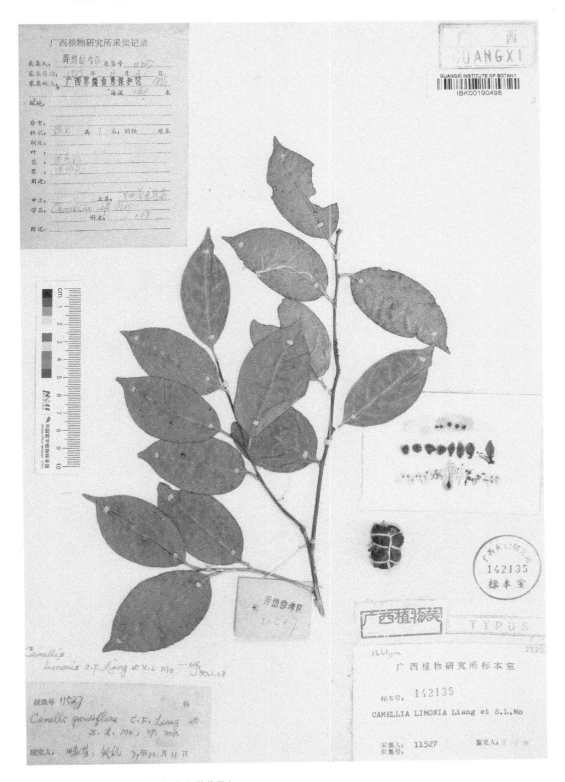

图 2-10　柠檬黄金花茶模式标本（带花果）

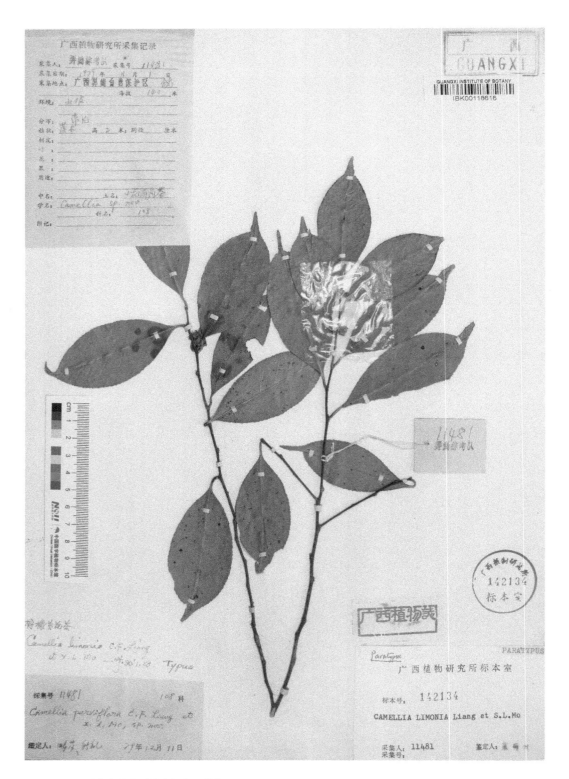

图 2-11　柠檬黄金花茶副模式标本（带花）

11. 弄岗金花茶

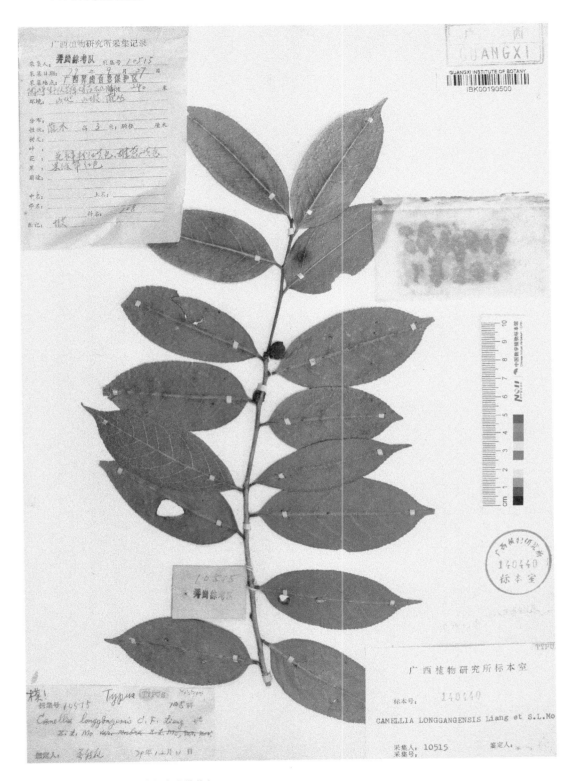

图 2-12 弄岗金花茶模式标本（带花）

图 2-13　弄岗金花茶等模式标本（带果）

　国内外金花茶物种图鉴

12. 陇瑞金花茶

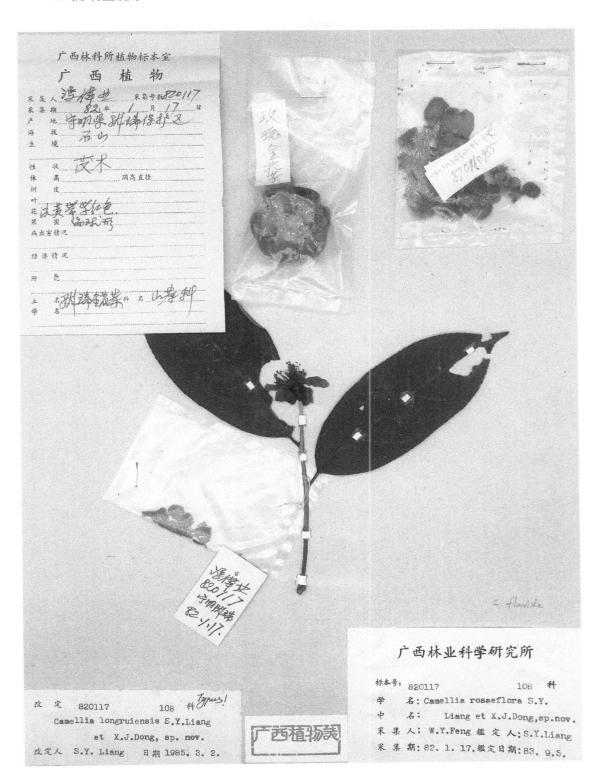

图2-14 陇瑞金花茶模式标本（带花果）

广西林业科学研究所　Paratypus!

标本号：108 科

学　名：Camellia longruiensis

中　名：S. Y. Liang et X. J. Dong

采集人：梁盛业　鉴定人：梁盛业

采集期：85.8.7.　鉴定日期：88.9.5.

图 2-15　陇瑞金花茶副模式标本

13. 龙州金花茶

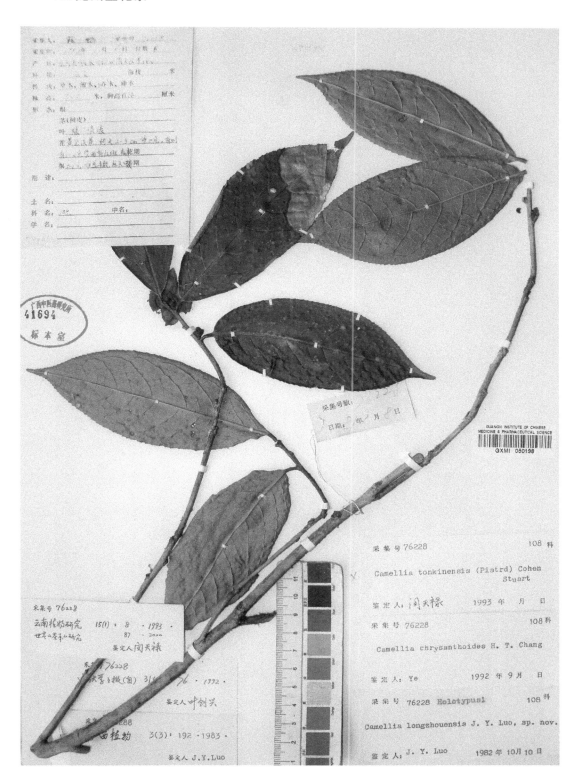

图2-16 龙州金花茶主模式标本

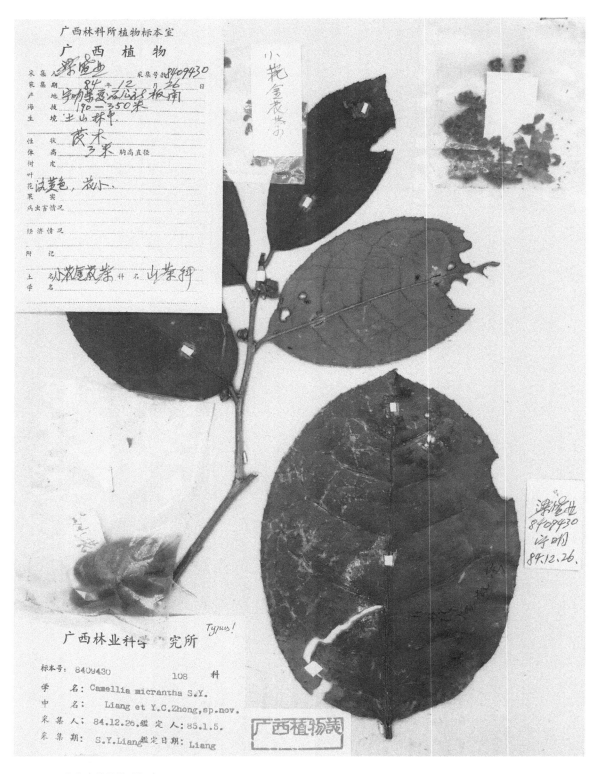

图 2-17　小花金花茶模式标本

15. 富宁金花茶

中国科学院昆明植物研究所标本馆
Herbarium, Kunming Institute of Botany, CAS

采集号(Coll. No.): 5610
采集日期(Date): 2017-02-25
采集者(Collector): 杨世雄
采集地(Locality): 云南省富宁县新华镇安多组
经纬度(Long. / Lat.):
生境(Habitat): 石灰山地   海拔(Alt.): 1100m
植物习性(Habit): 灌木   株高(High): 2-5m
形态描述(Description): 花黄
份数(Copies): 5 份   当地名(Local name):
野外鉴定(ID in the field): Camellia funingensis
附记(Supplement): m(1)

5610
Camellia mingii S. X. Yang
鉴定人(Det.): 杨世雄 2017-02-25

图 2-18   富宁金花茶主模式标本

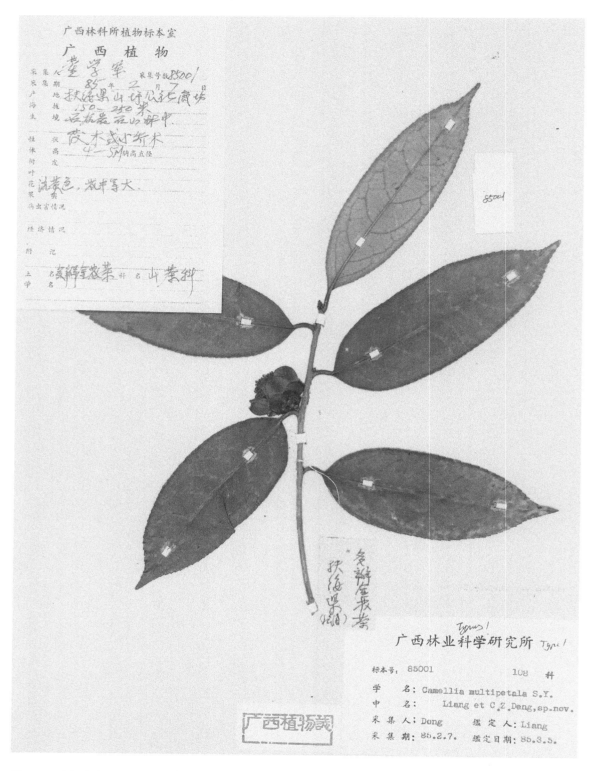

图 2-19　多瓣金花茶模式标本（带花）

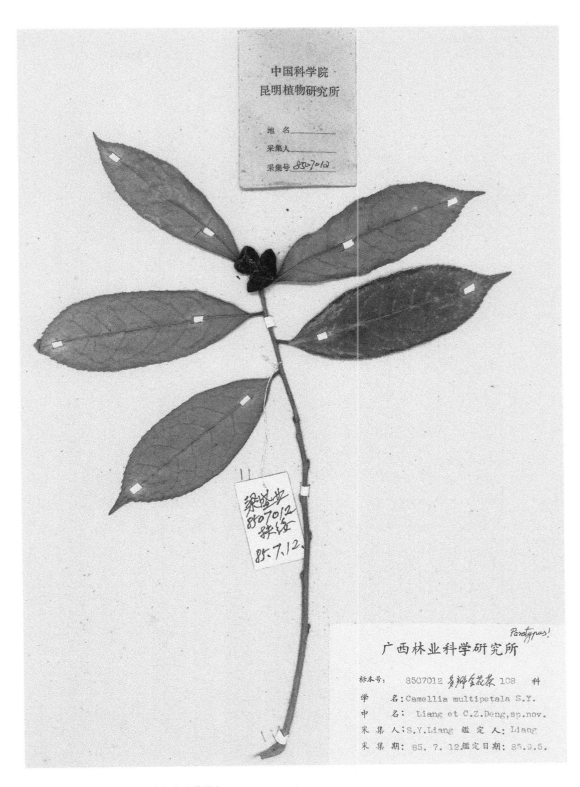

图 2-20　多瓣金花茶副模式标本（带果）

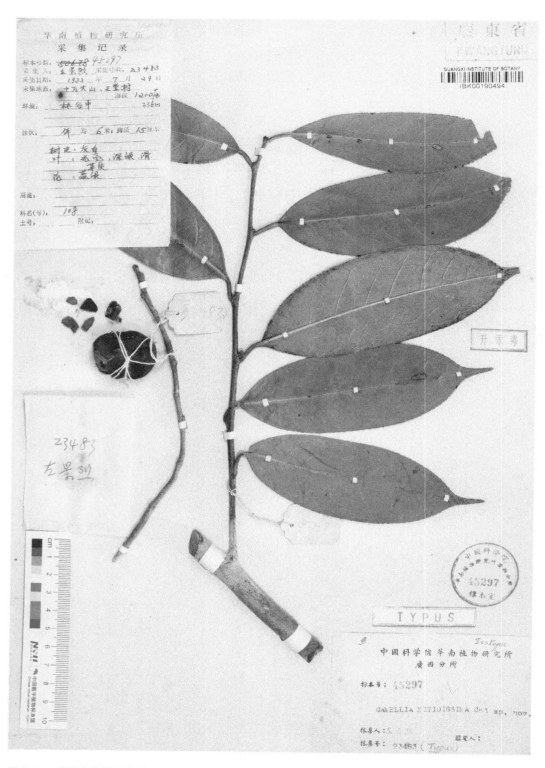

图 2-21　防城金花茶等模式标本

18. 小瓣金花茶

图2-22　小瓣金花茶模式标本

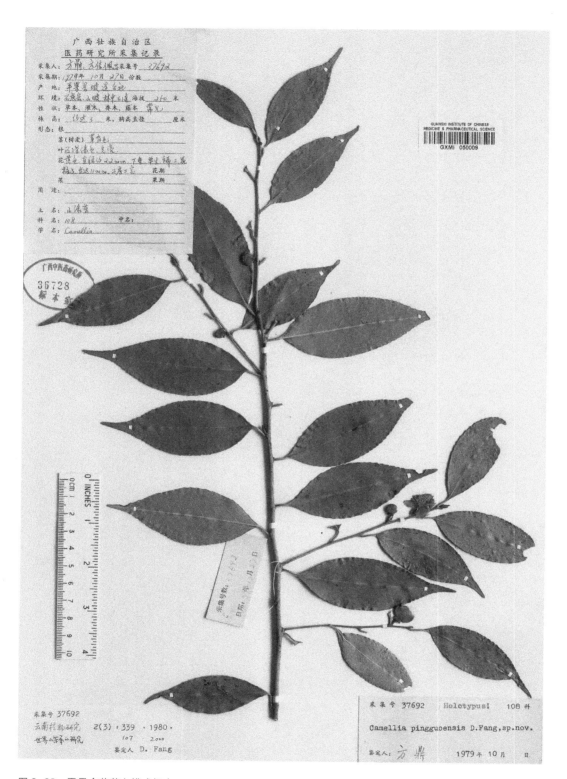

图 2-23　平果金花茶主模式标本

20. 顶生金花茶

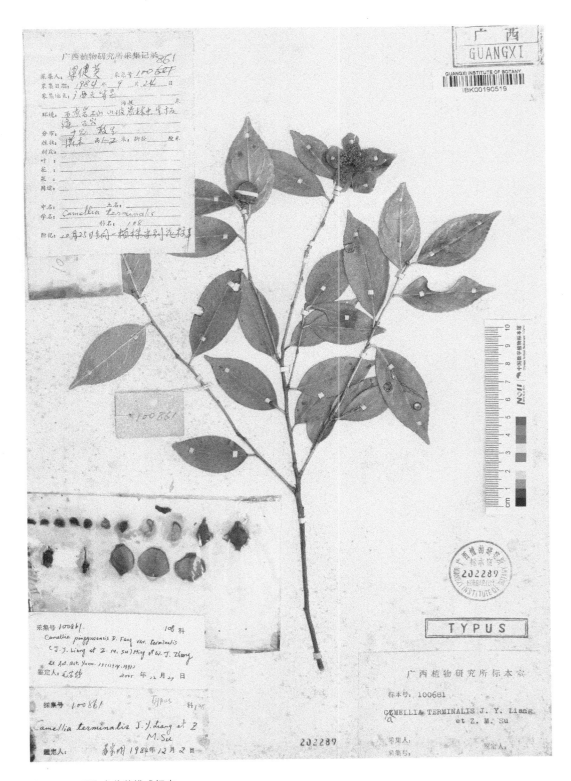

图 2-24　顶生金花茶模式标本

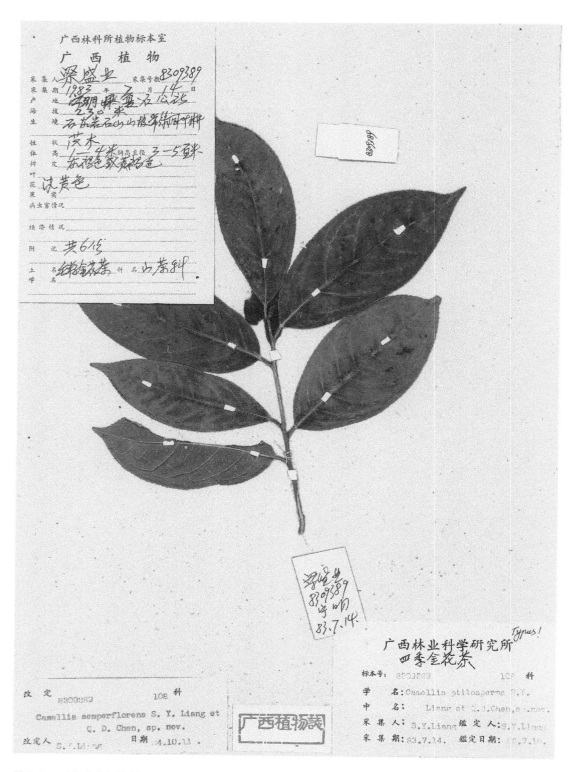

图 2-25　毛籽金花茶模式标本（带花）

图 2-26　毛籽金花茶副模式标本（带果）

图 2-27　毛瓣金花茶主模式标本

23. 隆安金花茶

图 2-28　隆安金花茶主模式标本

图 2-29 天峨金花茶模式标本

25. 东兴金花茶

图 2-30 东兴金花茶等模式标本

图 2-31　武鸣金花茶副模式标本

第三章 金花茶物种形态特征及识别要点

金花茶物种同属山茶科山茶属植物，在形态特征上有很多相同之处，但是作为一个单独的物种又具备一些特有的性状。本章详细总结记录国内外 40 个金花茶物种（变种）的形态特征、花期、果熟期、原产地，并提炼出各物种的识别要点，以供快速分类鉴定。

一、国内金花茶物种

1. 中东金花茶 *Camellia achrysantha* H. T. Chang et S. Y. Liang

常绿灌木，高 2.0 ～ 4.0m。树皮黄棕色带浅绿色。嫩枝圆柱形，橙棕色，无毛；老枝深棕色。叶芽锥形，浅绿色。嫩叶红棕色。老叶革质，椭圆形，长 6.8 ～ 10.5cm，宽 2.1 ～ 4.8cm，叶缘中上部有细锯齿，先端短急尖，基部楔形或宽楔形，正面深绿色，背面浅绿色有黑色腺点，两面均无毛，叶面有光泽；侧脉 4 ～ 5 对；主脉和侧脉在叶面凹陷，在叶背凸起；网脉在叶两面均明显可见；叶柄长 0.5 ～ 1.1cm，无毛。花蕾卵球形。花黄色，单生或 2 ～ 3 朵簇生，顶生或腋生，直径 3.2 ～ 4.4cm；花梗长 0.7 ～ 1.1cm；苞片 3 ～ 6 枚，半圆形；萼片 4 ～ 5 枚，绿色，半圆形，边缘有白色短茸毛，宿存；花瓣 11 ～ 14 枚，外轮花瓣近圆形，内轮花瓣长椭圆形，瓣面脉纹不明显；花丝长 2.1 ～ 2.3cm，4 ～ 5 轮筒状排列，外轮基部与花瓣合生，内轮离生，无毛；花药黄色，椭圆形；花柱 3 ～ 4 条，长 2.3 ～ 3.0cm，无毛，离生；子房扁球形，光滑无毛，3 ～ 4 室。蒴果扁球形，棕色带黄绿色，光滑，直径 2.3 ～ 4.7cm，高 1.8 ～ 3.0cm，重 17.9 ～ 35.6g，果皮厚 1.3 ～ 2.7mm。种子每室 1 ～ 3 粒，球形、半球形或三角状球形，黑褐色，被棕色茸毛。

花期 11 月至翌年 1 月，果熟期 9 ～ 10 月。

该种是中国的一个特有种，分布于广西扶绥，生长在海拔 120 ～ 230m 的石灰岩常绿杂木林中。

识别要点：该种叶片椭圆形，长 6.8 ～ 10.5cm，宽 2.1 ～ 4.8cm，叶缘中上部有细锯齿；花黄色，直径 3.2 ～ 4.4cm。

1	2
3	4

图 3-1　中东金花茶枝叶形态特征
1-嫩枝；2-半成熟枝；3-花枝；4-果枝

图 3-2　中东金花茶单花开放进程

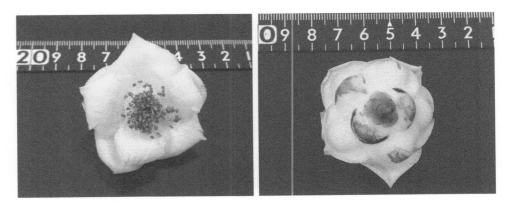

图 3-3　中东金花茶的花朵
1－正面；2－背面

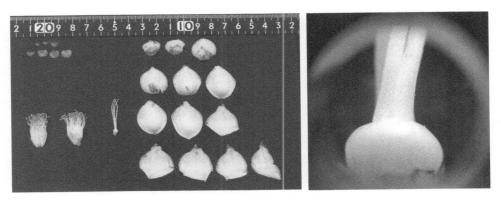

图 3-4　中东金花茶单花解剖图示及子房显微图片（×100 倍）
1－单花解剖图示；2－子房扁球形，光滑无毛

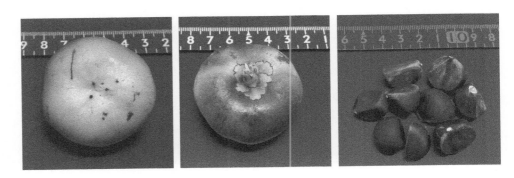

图 3-5　中东金花茶的果实和种子形态特征
1－果实正面；2－果实背面；3－种子黑褐色，被棕色茸毛

2. 金花茶 *Camellia chrysantha* (Hu) Tuyama

常绿灌木至小乔木，高 2.0 ～ 6.0m。树皮浅棕色。嫩枝圆柱形，橙棕色，无毛；老枝黄白色。叶芽锥形，绿色。嫩叶紫红色。老叶革质，长椭圆形至披针形，长 9.5 ～ 16.3cm，宽 2.5 ～ 6.3cm，叶缘有骨质小锯齿，先端尾状渐尖，基部楔形，正面深绿色，背面浅绿色有黑色腺点；侧脉 10 ～ 13 对；网脉在叶两面均明显可见；叶肉在叶面稍微隆起；叶柄长 0.7 ～ 1.2cm，无毛。花蕾长卵球形。花金黄色，有蜡质光泽，单生或 2 ～ 3 朵簇生，顶生或腋生，直径 5.5 ～ 6.2cm；花梗长 0.9 ～ 1.7cm；苞片 4 ～ 5 枚；萼片 5 枚，绿色，半圆形或卵形，宿存；花瓣 9 ～ 14 枚，质厚，近圆形或椭圆形，有轻度褶皱，瓣面脉纹可见；花丝长 2.5 ～ 2.9cm，4 ～ 5 轮筒状排列，外轮基部合生，内轮离生，无毛；花药黄色，椭圆形；花柱 3 ～ 4 条，长 2.5 ～ 3.3cm，无毛，离生；子房近球形，光滑无毛，3 ～ 4 室。蒴果扁球形或近球形，褐绿色至淡绿色，直径 4.0 ～ 7.0cm，高 3.1 ～ 4.0cm，重 24.6 ～ 70.7g，果皮厚 4.1 ～ 7.5mm。种子每室 1 ～ 3 粒，近球形、半球形或三角状球形，黑褐色，被棕色短茸毛。

花期 12 月至翌年 3 月，果熟期 10 ～ 11 月。

该种是中国的一个特有种，分布于广西邕宁、扶绥等地，生长在海拔 50 ～ 650m 的土山常绿阔叶林下。

识别要点：该种叶片长椭圆形至披针形，先端尾状渐尖，基部楔形，侧脉 10 ～ 13 对，网脉在叶两面均明显可见，叶肉在叶面稍微隆起；花金黄色，有蜡质光泽。

图 3-6　金花茶枝叶形态特征
1-嫩枝；2-花枝；3-果枝

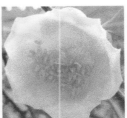

图 3-7　金花茶单花开放进程

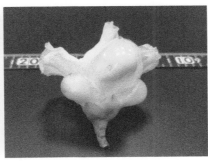

| 1 | 2 | 3 |

图 3-8　金花茶的花朵
1-正面；2-侧面；3-背面

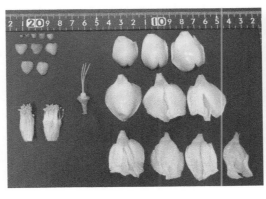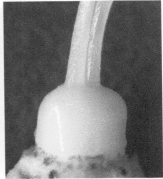

| 1 | 2 |

图 3-9　金花茶单花解剖图示及子房显微图片（×20倍）
1-单花解剖图示；2-子房近球形，光滑无毛

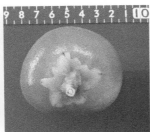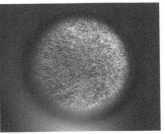

| 1 | 2 | 3 | 4 |

图 3-10　金花茶的果实和种子形态特征
1-果实正面；2-果实背面；3-种子黑褐色；4-种子显微图片示其被棕色短茸毛（×100倍）

3. 小果金花茶 *Camellia chrysantha* (Hu) Tuyama var. *microcarpa* S. L. Mo et S. Z. Huang

常绿灌木，高 2.0 ～ 4.0m。树皮灰白色。嫩枝圆柱形，深紫棕色，无毛；老枝浅棕色。叶芽锥形，紫红色。嫩叶红棕色。老叶薄革质，椭圆形至卵形，长 8.0 ～ 13.7cm，宽 4.3 ～ 6.9cm，叶缘有细钝齿，先端急尖，基部宽楔形或近圆形，正面深绿色，背面浅绿色有黑色腺点；侧脉 6 ～ 7 对；主脉和侧脉在叶面凹陷，在叶背凸起；网脉在叶面不明显；叶柄长 0.7 ～ 0.9cm，无毛。花蕾球形。花黄色，花瓣边缘质薄透明，单生或 2 ～ 3 朵簇生，顶生或腋生，直径 3.2 ～ 4.1cm；花梗长 0.4 ～ 0.7cm；苞片 4 ～ 8 枚，椭圆形；萼片 5 ～ 6 枚，淡绿色至深橄榄绿色，或带红色，长椭圆形或近圆形，内侧和外侧均无毛，边缘有白色短茸毛，宿存；花瓣 8 ～ 10 枚，长椭圆形或宽卵形，瓣面脉纹不明显；花丝长 1.2 ～ 1.6cm，4 ～ 5 轮筒状排列，外轮基部合生，内轮离生，无毛；花药黄色，椭圆形；花柱 3 ～ 5 条，长 1.6 ～ 2.1cm，比雄蕊高，无毛，离生；子房球形，光滑无毛，3 ～ 5 室。蒴果扁三角状球形，亮绿色带浅棕色，光滑，直径 1.4 ～ 3.6cm，高 1.2 ～ 2.4cm，重 5.0 ～ 15.2g，果皮厚 1.5 ～ 2.2mm。种子每室 1 ～ 2 粒，近球形或半球形，深棕色。

花期 11 ～ 12 月，果熟期 10 ～ 11 月。

1	2
3	4

图 3-11　小果金花茶枝叶形态特征

1-嫩枝；2-成熟枝；3-花枝；4-果枝

该种是中国的一个特有种，分布于广西邕宁，生长在海拔 120～250m 的常绿阔叶林中。

识别要点：该种叶片薄革质，椭圆形至卵形，基部宽楔形或近圆形，叶面网脉不明显；花黄色，花瓣边缘质薄透明，萼片淡绿色至深橄榄绿色，或带红色；蒴果较小，直径 1.4～3.6cm。

图 3-12　小果金花茶单花开放进程

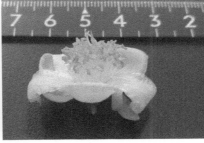

| 1 | 2 | 3 |

图 3-13　小果金花茶的花朵
1-正面；2-侧面；3-背面

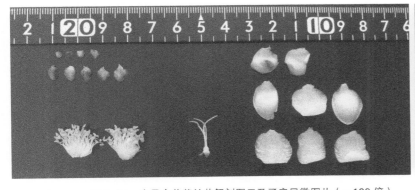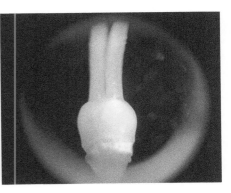

| 1 | 2 |

图 3-14　小果金花茶单花解剖图示及子房显微图片（×100 倍）
1-单花解剖图示；2-子房球形，光滑无毛

| 1 | 2 | 3 |

图 3-15　小果金花茶的果实
和种子形态特征
1-果实正面；2-果实背面；
3-种子深棕色

4. 德保金花茶 *Camellia debaoensis* R. C. Hu et Y. Q. Liufu

常绿灌木，高 1.0～3.0m。树皮灰白色。嫩枝圆柱形，紫棕色，无毛；老枝黄棕色或浅灰棕色。叶芽锥形，绿色。老叶革质，卵形或长卵形，长 5.8～12.9cm，宽 3.2～5.4cm，叶缘有不明显的细小锯齿并呈轻微波浪形，先端尾状渐尖，基部楔形至宽楔形，正面深绿色，背面浅绿色有黑色腺点；侧脉 5～6 对；主脉和侧脉在叶面凹陷，在叶背凸起；网脉在叶两面均明显可见；叶肉在叶面稍微隆起；叶柄长 0.5～1.1cm，无毛。花蕾近球形。花黄色，单生或 2～3 朵簇生，顶生或腋生，直径 3.4～4.8cm；花梗长 0.5～0.7cm；苞片 4～5 枚，椭圆形；萼片 5～6 枚，浅橄榄绿色，偶有粉红色，半圆形，边缘有短茸毛，宿存；花瓣 8～11 枚，卵形、长卵形或近圆形，最外轮花瓣基部有少量浅红色斑块，瓣面脉纹不明显；花丝长 1.6～2.2cm，4～5 轮筒状排列，外轮基部与花瓣合生，内轮离生，无毛；花药黄色，椭圆形；花柱 3 条，长 1.5～1.8cm，先端约 1/5 开裂，下部合生，无毛；子房扁球形，光滑无毛，3 室。蒴果三角状扁球形，绿色带橄榄棕色，光滑，直径 1.8～4.8cm，高 1.5～3.1cm，重 12.5～33.2g，果皮厚 1.6～2.8mm。种子每室 2～3 粒，半球形或三角状球形，深棕色，被棕色短茸毛。

花期 12 月至翌年 2 月，果熟期 7～8 月。

该种是中国的一个特有种，分布于广西德保、靖西，生长在海拔 760～800m 的石灰岩常绿阔叶林中。

识别要点：该种叶片卵形或长卵形，叶缘呈轻微波浪形；最外轮花瓣基部有少量浅红色斑块，花柱先端约 1/5 开裂，下部合生。

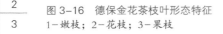

图 3-16　德保金花茶枝叶形态特征
1-嫩枝；2-花枝；3-果枝

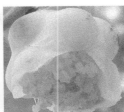

图 3-17 德保金花茶单花开放进程

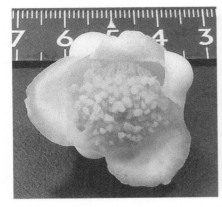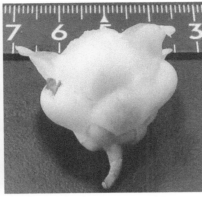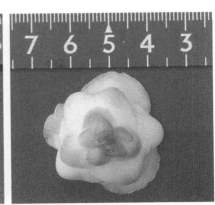

| 1 | 2 | 3 |

图 3-18 德保金花茶的花朵
1-正面；2-侧面；3-背面

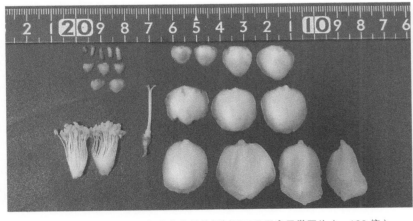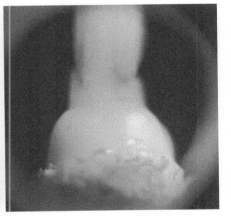

| 1 | 2 |

图 3-19 德保金花茶单花解剖图示及子房显微图片（×100 倍）
1-单花解剖图示；2-子房扁球形，光滑无毛

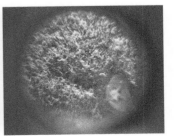

| 1 | 2 | 3 | 4 |

图 3-20 德保金花茶的果实和种子形态特征
1-果实 3 室，每室种子 2～3 粒；2-果实背面；3-种子深棕色；4-种子显微图片示其被棕色短茸毛（×100 倍）

5. 显脉金花茶 *Camellia euphlebia* Merr. ex Sealy

常绿灌木至小乔木，高 2.0 ～ 5.0m。树皮棕色。嫩枝圆柱形，红棕色，无毛；老枝灰白色。叶芽锥形，黄绿色。嫩叶红棕色。老叶厚革质，椭圆形至长卵形，长 11.8 ～ 21.9cm，宽 5.3 ～ 9.6cm，叶缘有细锯齿，先端急短渐尖，基部圆形，正面深绿色，背面浅绿色有黑色腺点；侧脉 8 ～ 15 对；主脉和侧脉在叶面明显凹陷，在叶背明显凸起；网脉在叶两面均不明显；叶柄长 0.9 ～ 1.4cm，无毛。花蕾卵球形。花黄色，单生或 2 ～ 3 朵簇生，顶生或腋生，直径 3.9 ～ 5.9cm；花梗长 0.4 ～ 0.6cm；苞片 4 ～ 6 枚，半圆形；萼片 5 ～ 9 枚，绿色，近圆形，内侧及边缘被白色短茸毛，外侧被稀疏白色短茸毛，宿存；花瓣 7 ～ 9 枚，近圆形，瓣面脉纹隐约可见；花丝长 0.8 ～ 1.5cm，4 轮筒状排列，外轮基部与花瓣合生，内轮离生，无毛；花柱 3 条，长 1.0 ～ 1.5cm，无毛，离生；子房球形，光滑无毛，3 室。蒴果三角状扁球形或扁球形，绿色带紫红色，光滑，直径 2.7 ～ 7.2cm，高 2.1 ～ 3.8cm，重 26.1 ～ 63.5g，果皮厚 3.6 ～ 6.4mm。种子每室 1 ～ 3 粒，近球形、半球形或三角状球形，浅棕色，被灰棕色短茸毛。

花期 12 月至翌年 1 月，果熟期 11 ～ 12 月。

该种分布于中国广西防城港和越南谅山、广宁、北江等地，生长在海拔 150 ～ 480m 的山谷常绿阔叶林中。

识别要点：该种叶片较大，厚革质，椭圆形至长卵形，主脉和侧脉在叶面明显凹陷，在叶背明显凸起，网脉在叶两面均不明显；花黄色，直径 3.9 ～ 5.9cm。

图 3-21 显脉金花茶枝叶形态特征
1-半成熟枝及老枝；2-花枝；3-果枝

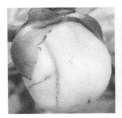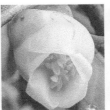

图 3-22　显脉金花茶单花开放进程

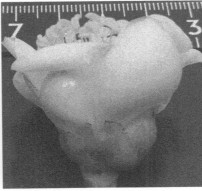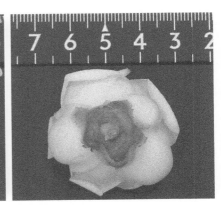

| 1 | 2 | 3 |

图 3-23　显脉金花茶的花朵
1-正面；2-侧面；3-背面

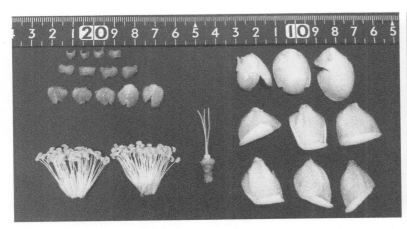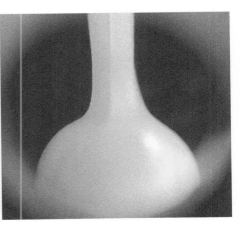

| 1 | 2 |

图 3-24　显脉金花茶单花解剖图示及子房显微图片（×100 倍）
1-单花解剖图示；2-子房球形，光滑无毛

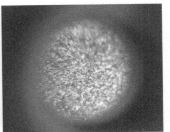

| 1 | 2 | 3 | 4 |

图 3-25　显脉金花茶的果实和种子形态特征
1-果实正面；2-果实背面；3-种子浅棕色；4-种子显微图片示其被灰棕色短茸毛（×100 倍）

6. 簇蕊金花茶 *Camellia fascicularis* H. T. Chang

常绿灌木至小乔木，高 2.0 ～ 5.0m。树皮浅棕色。嫩枝圆柱形，浅棕绿色，无毛；老枝灰白色。叶芽锥形，淡黄绿色。嫩叶深紫红色。老叶革质，椭圆形，长 11.2 ～ 21.5cm，宽 5.1 ～ 10.6cm，叶缘有胼胝质粗锯齿，先端短渐尖，基部宽楔形或近圆形，正面深绿色，背面浅绿色有黑色腺点；侧脉 8 ～ 9 对，主脉和侧脉在叶面凹陷，在叶背凸起；网脉在叶两面均明显可见；叶柄长 0.9 ～ 1.2cm，无毛。花蕾球形。花淡黄色，单生或 2 ～ 3 朵簇生，顶生或腋生，直径 3.3 ～ 5.6cm；花梗长 0.7 ～ 1.0cm；苞片 3 ～ 5 枚，卵形；萼片 4 ～ 7 枚，黄绿色带粉红色，半圆形，内侧及边缘有白色茸毛，宿存；花瓣 9 ～ 10 枚，顶端较尖，外翻，长椭圆形；雄蕊簇生，花丝长 1.8 ～ 2.1cm，4 ～ 5 轮束状排列，外轮基部合生，内轮离生，无毛；花药黄色，椭圆形；花柱 3 条，长 1.8 ～ 2.5cm，无毛，离生；子房近球形，光滑无毛，3 室。蒴果球形，绿色带紫红色，光滑，直径 4.2 ～ 8.3cm，果皮厚 6.0 ～ 9.0mm。种子每室 1 ～ 3 粒，球形、半球形或三角状球形，棕色。

花期 12 月至翌年 1 月，果熟期 9 ～ 10 月。

该种是中国的一个特有种，分布于云南河口、个旧，生长在海拔 350 ～ 1000m 的石灰岩季雨林或非石灰岩常绿阔叶林中。

识别要点：该种花淡黄色，花丝簇生成束状；蒴果较大，直径 4.2 ～ 8.3cm，果皮较厚。

1 —— 2
　 —— 3

图 3-26　簇蕊金花茶枝叶形态特征
1-嫩梢；2-半成熟枝；3-花枝

图3-27 簇蕊金花茶单花开放进程

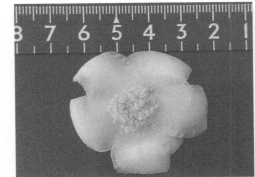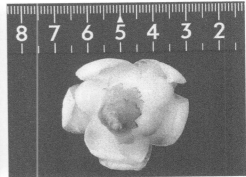

1 | 2

图3-28 簇蕊金花茶的
花朵
1-正面；2-背面

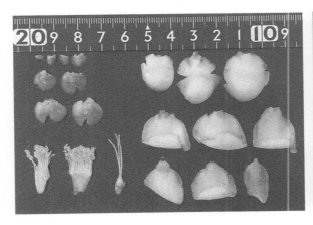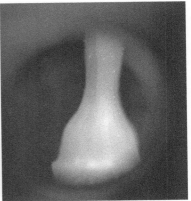

1 | 2

图3-29 簇蕊金花茶单
花解剖图示及子房显微图
片（×100倍）
1-单花解剖图示；2-子
房近球形，光滑无毛

1 | 2

图3-30 簇蕊金花茶果实
形态特征（昆明植物研究
所研究员杨世雄提供）
1-果实正面；2-果实背面

7. 贵州金花茶 *Camellia huana* T. L. Ming et W. J. Zhang

常绿灌木，高 1.5～3.0m。树皮浅棕黄色。嫩枝圆柱形，橄榄棕色，无毛；老枝灰白色。叶芽锥形，紫红色。嫩叶红棕色。老叶薄革质，椭圆形或倒卵形，长 7.9～12.0cm，宽 3.5～5.1cm，叶缘有细锯齿并呈轻微波浪状，先端短急尖，基部楔形或宽楔形，正面深绿色，背面浅绿色有黑色腺点，无毛，有光泽；侧脉 5～6 对；主脉和侧脉在叶面凹陷，在叶背凸起；网脉在叶面不明显，在叶背明显可见；叶柄长 0.9～1.7cm，无毛。花蕾球形。花淡黄色，单生或 2～3 朵簇生，顶生或腋生，直径 4.1～4.9cm；花梗长 0.6～0.9cm；苞片 3～5 枚，长卵形；萼片 5～6 枚，深棕色或橄榄棕色，边缘有短茸毛，半圆形或近长椭圆形，宿存；花瓣 8～10 枚，近圆形或长椭圆形，最外轮花瓣有紫红色斑块；花丝长 1.2～1.5cm，4～5 轮筒状排列，外轮基部与花瓣合生，内轮离生，无毛；花柱 3 条，长 1.5～2.1cm，无毛，离生；子房近扁球形，光滑无毛，3 室。蒴果扁棱球形，棕绿色或紫红色，光滑，直径 2.8～4.2cm，高 1.7～2.3cm，重 6.0～23.3g，果皮厚 1.4～2.0mm。种子每室 1～3 粒，近球形、半球形或三角状球形，黑褐色，被棕色短茸毛。

花期 1～3 月，果熟期 9～10 月。

该种是中国的一个特有种，分布于贵州册亨、罗甸，生长在海拔 650～1020m 的常绿杂木林中。

识别要点：该种叶片椭圆形或倒卵形，叶缘呈轻微波浪状；花淡黄色，最外轮花瓣有紫红色斑块；种子黑褐色，被棕色短茸毛。

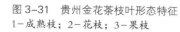

1 | 2 | 图 3-31 贵州金花茶枝叶形态特征
  | 3 | 1-成熟枝；2-花枝；3-果枝

图 3-32　贵州金花茶单花开放进程

图 3-33　贵州金花茶的花朵
1-正面；2-侧面；3-背面

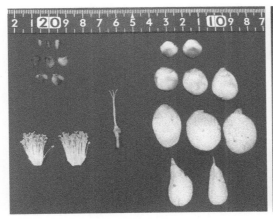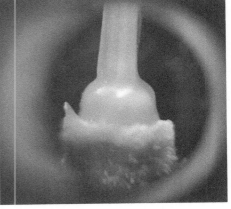

图 3-34　贵州金花茶单
花解剖图示及子房显微
图片（×100 倍）
1-单花解剖图示；2-子
房近扁球形，光滑无毛

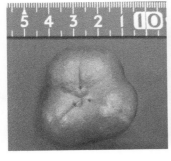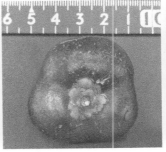

图 3-35　贵州金花茶的
果实和种子形态特征
1-果实正面；2-果实背
面；3-种子黑褐色，被
棕色短茸毛

8. 凹脉金花茶 *Camellia impressinervis* H. T. Chang et S. Y. Liang

常绿灌木至小乔木，高 2.0～5.0m。树皮浅棕色。嫩枝圆柱形，红棕色，被灰白色短茸毛；老枝浅棕色。叶芽锥形，深绿色。嫩叶深红色。老叶革质，椭圆形至长椭圆形，长 8.5～16.8cm，宽 4.7～9.8cm，叶缘有粗锯齿，先端短渐尖，基部宽楔形至圆形，正面深绿色，背面浅绿色有黑色腺点；侧脉 6～7 对；主脉、侧脉以及网脉在叶两面均明显可见，主脉和侧脉在叶背被短茸毛；叶肉在叶面隆起；叶柄长 0.7～1.0cm，有毛。花蕾近球形。花淡黄色，单生或 2～3 朵簇生，顶生或腋生，直径 4.4～6.9cm；花梗长 0.6～0.9cm；苞片 3～4 枚，半圆形；萼片 5～7 枚，橄榄绿色带棕红色，卵形，边缘有白色短茸毛，宿存；花瓣 8～12 枚，椭圆形或卵形，瓣面脉纹明显；花丝长 2.0～2.4cm，4～5 轮筒状排列，外轮基部合生，内轮离生，无毛；花药黄色，椭圆形；花柱 3～4 条，长 2.0～2.4cm，无毛，离生；子房近球形，光滑无毛，有棱，3～4 室。蒴果扁三角状球形或不规则扁球形，红棕色带浅绿色，光滑，直径 4.0～5.5cm，高 2.0～2.9cm，重 15.5～34.3g，果皮厚 2.3～3.4mm。种子每室 1～4 粒，近球形、半球形或三角状球形，深棕色，密被棕色短茸毛。

花期 1～3 月，果熟期 11～12 月。

该种分布于中国广西龙州、大新和越南北部地区，生长在海拔 130～480m 的常绿阔叶林中。

识别要点：该种嫩枝和主脉、侧脉均被短茸毛；主脉、侧脉以及网脉在叶两面均明显可见，叶肉在叶面隆起；花淡黄色，萼片橄榄绿色带棕红色，花瓣瓣面脉纹明显。

1	2	3
	4	5

图 3-36 凹脉金花茶枝叶形态特征
1-嫩枝；2-嫩枝被灰白色短茸毛；3-成熟枝；4-花枝；5-果枝

图 3-37 凹脉金花茶单花开放进程

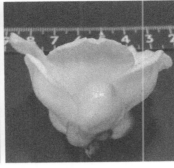

| 1 | 2 | 3 |

图 3-38 凹脉金花茶的花朵

1-正面；2-侧面；
3-背面

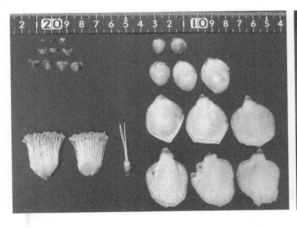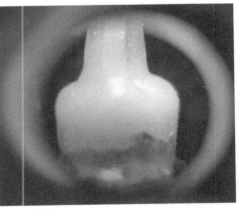

| 1 | 2 |

图 3-39 凹脉金花茶的单花解剖图示及子房显微图片（×100倍）

1-单花解剖图示；
2-子房近球形，光滑无毛

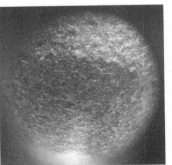

| 1 | 2 | 3 | 4 |

图 3-40 凹脉金花茶的果实和种子形态特征

1-果实正面；2-果实背面；3-种子深棕色；4-种子显微图片示其密被棕色短茸毛（×100倍）

9. 薄瓣金花茶 *Camellia leptopetala* H. T. Chang et S. Y. Liang

常绿灌木至小乔木，高 2.0～5.0m。树皮浅棕色。嫩枝圆柱形，浅红棕色，无毛；老枝灰白色。叶芽锥形，棕绿色。嫩叶深紫红色。老叶革质，长椭圆形，长 10.0～15.8cm，宽 3.3～5.6cm，叶缘有胼胝质小锯齿，先端渐尖，基部楔形，正面深绿色，背面浅绿色有黑色腺点；侧脉 7～10 对；主脉和侧脉在叶面凹陷，在叶背凸起；叶柄长 0.6～1.6cm，无毛。花蕾近卵球形。花黄色，单生或 2～3 朵簇生，顶生或腋生，直径 3.4～4.3cm；花梗长 0.9～1.3cm；苞片 5～6 枚，半圆形；萼片 5～6 枚，橄榄绿色，半圆形，边缘有白色短茸毛，宿存；花瓣 11～14 枚，椭圆形，质地较薄，外轮花瓣有蜡质光泽；雄蕊多数，花丝长 1.9～2.3cm，4～5 轮筒状排列，外轮基部合生，内轮离生，无毛；花药黄色，椭圆形；花柱 3 条，长 1.9～2.2cm，无毛，离生；子房近球形，光滑无毛，3 室。蒴果扁球形，黄绿色带紫棕色，光滑，直径 2.8～5.0cm，高 2.5～4.0cm，重 10.5～55.0g，果皮厚 4.3～7.0mm。种子每室 1～3 粒，近球形、半球形或三角状球形，深棕色。

花期 12 月至翌年 3 月，果熟期 10～12 月。

该种是中国的一个特有种，分布于广西平果，生长在海拔 250～450m 的土山杂木林中。

识别要点：该种叶片长椭圆形，先端渐尖，基部楔形，侧脉 7～10 对；花瓣质地较薄，外轮花瓣有蜡质光泽。

1	2
3	4

图 3-41 薄瓣金花茶枝叶形态特征
1-嫩枝；2-成熟枝；3-花枝；4-果枝

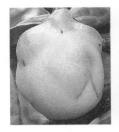

图 3-42　薄瓣金花茶单花开放进程

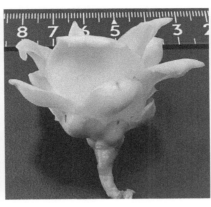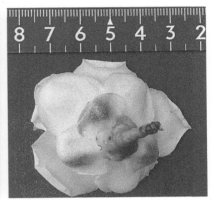

| 1 | 2 | 3 |

图 3-43　薄瓣金花茶的花朵
1-正面；2-侧面；3-背面

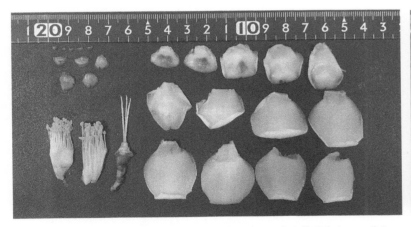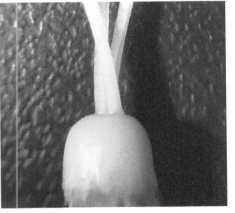

| 1 | 2 |

图 3-44　薄瓣金花茶单花解剖图示及子房显微图片（×20 倍）
1-单花解剖图示；2-子房近球形，光滑无毛

| 1 | 2 | 3 |

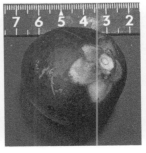

图 3-45　薄瓣金花茶的果实和
种子形态特征
1-果实正面；2-果实背面；
3-种子深棕色

10. 离蕊金花茶 *Camellia liberofilamenta* H. T. Chang et C. H. Yang

常绿灌木，高 2.0～3.0m。树皮浅棕色。嫩枝圆柱形，深紫棕色，无毛；老枝灰白色。叶芽锥形，深绿色。嫩叶深紫棕色，无毛。老叶薄革质，椭圆形或宽椭圆形，长 8.2～12.5cm，宽 4.4～6.3cm，叶缘有细锯齿，先端尾状渐尖或急尖，基部宽楔形，正面深绿色，背面浅绿色有黑色腺点；侧脉 4～6 对；主脉和侧脉在叶面凹陷，在叶背凸起；网脉在叶两面均明显可见；叶柄长 0.8～1.1cm，无毛。花蕾球形。花浅黄色，单生或 2～3 朵簇生，顶生或腋生，直径 4.1～5.0cm；花梗长 0.5～0.7cm；苞片 4～5 枚，圆形；萼片 5～7 枚，深绿色，卵形，两面均无毛，边缘有白色短茸毛，宿存；花瓣 6～8 枚，长椭圆形，质地较薄，瓣面脉纹不明显；雄蕊张开散生，花丝长 1.5～1.8cm，多轮筒状排列，外轮花丝基部 0.2～0.3cm 与花瓣合生，其他全部离生，无毛；花药黄色，椭圆形；花柱 3 条，长 1.7～2.1cm，无毛，离生；子房近球形，光滑无毛，3 室。蒴果扁球形，深棕色带黄绿色，光滑，直径 3.5～6.1cm，高 3.2～4.0cm，重 14.0～77.3g，果皮厚 8.0～11.0mm。种子每室 1～3 粒，球形、半球形或三角状球形，深棕色，被棕色短茸毛。

花期 11 月至翌年 1 月，果熟期 10～11 月。

该种是中国的一个特有种，分布于贵州册亨，生长在海拔 620～720 m 的常绿阔叶林中。

识别要点：该种老枝灰白色；花浅黄色，花瓣质地较薄，雄蕊张开散生；果皮较厚；种子被棕色茸毛。

图 3-46　离蕊金花茶枝叶形态特征

1	2
	3

1-嫩枝；2-花枝；3-果枝

图 3-47　离蕊金花茶单花开放进程

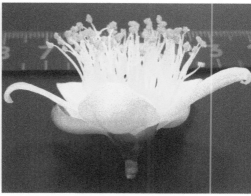

| 1 | 2 | 3 |

图 3-48　离蕊金花茶的花朵
1-正面（雄蕊张开散生）；2-侧面；3-背面

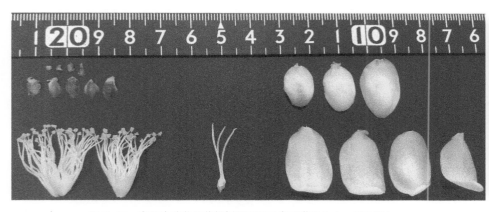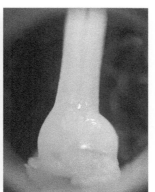

| 1 | 2 |

图 3-49　离蕊金花茶单花解剖图示及子房显微图片（×100 倍）
1-单花解剖图示；2-子房近球形，光滑无毛

| 1 | 2 | 3 |

图 3-50　离蕊金花茶的果实和种子
形态特征
1-果实正面；2-果实背面；
3-种子深棕色，被棕色短茸毛

11. 柠檬黄金花茶 *Camellia limonia* C. F. Liang et S. L. Mo

常绿灌木，高 1.0～2.0m。树皮灰棕色。嫩枝圆柱形，浅红棕色，无毛；老枝深黄棕色。叶芽锥形，红棕色带黄绿色。嫩叶紫棕色。老叶革质有光泽，椭圆形或近圆形，长 3.6～6.0cm，宽 2.3～3.6cm，叶缘有胼胝质浅细锯齿，先端短尾状渐尖或急尖，基部宽楔形或楔形，正面深绿色，背面浅绿色有黑色腺点；侧脉 4～6 对；主脉和侧脉在叶面凹陷，在叶背凸起；叶柄长 0.6～1.1cm，无毛。花蕾球形。花淡黄色至近白色，单生或 2～3 朵簇生，顶生或腋生，直径 1.7～2.2cm；花梗长 0.3～0.6cm；苞片 3～5 枚，长椭圆形；萼片 5～6 枚，淡黄绿色，近圆形或长椭圆形，边缘有白色短茸毛，宿存；花瓣 7～8 枚，长椭圆形，全开时花瓣顶端外翻；雄蕊多数，花丝长 0.9～1.2cm，4 轮筒状排列，外轮基部约 1.5mm 处合生，内轮离生，无毛；花柱 3 条，长 1.2～1.3cm，比雄蕊长，无毛，深裂；子房近球形，光滑无毛，3 室。蒴果扁三角状球形，红棕色带黄绿色，直径 1.5～3.1cm，高 1.5～1.8cm，重 1.5～8.0g，果皮厚 1.3～1.7mm。种子每室 1～2 粒，近球形或半球形，黑褐色。

花期 12 月至翌年 2 月，果熟期 10～11 月。

该种分布于中国广西龙州、宁明和越南谅山，生长在海拔 120～300m 的常绿阔叶林中。

识别要点：该种叶片椭圆形或近圆形；花淡黄色至近白色，直径较小，为 1.7～2.2cm。

1 | 2
  | 3

图 3-51 柠檬黄金花茶枝叶形态特征
1-嫩枝及成熟枝；2-花枝；3-果枝

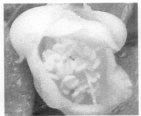

图 3-52 柠檬黄金花茶单花开放进程

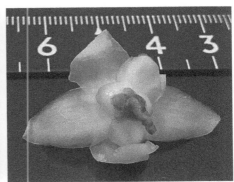

1 | 2

图 3-53 柠檬黄金花茶的花朵
1-正面；2-背面

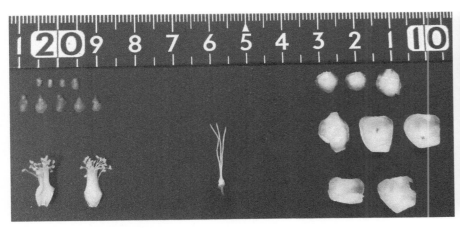

1 | 2

图 3-54 柠檬黄金花茶单花解剖图示及子房显微图片（×100 倍）
1-单花解剖图示；2-子房近球形，光滑无毛

1 | 2 | 3

图 3-55 柠檬黄金花茶的果实
和种子形态特征
1-果实正面；2-果实背面；
3-种子黑褐色

12. 弄岗金花茶 *Camellia longgangensis* C. F. Liang et S. L. Mo

常绿灌木，高 2.0～3.0m。树皮黄棕色。嫩枝圆柱形，橄榄棕色，无毛；老枝浅棕色。叶芽锥形，浅绿色。嫩叶浅棕色。老叶薄革质，长卵形，长 7.4～11.6cm，宽 3.4～4.0cm，叶缘有细锯齿，先端尾状渐尖，基部宽楔形至圆形，正面深绿色，背面浅绿色有黑色腺点；侧脉 5～8 对；主脉和侧脉在叶面凹陷，在叶背凸起；网脉在叶面不明显，在叶背明显可见；叶柄长 0.7～1.2cm，无毛。花蕾近球形。花淡黄色，单生或 2～3 朵簇生，顶生或腋生，直径 4.2～6.2cm；花梗长 0.7～1.2cm；苞片 3～8 枚，半圆形；萼片 5～6 枚，绿色，卵形，内侧与边缘被白色短茸毛，宿存；花瓣 9～11 枚，椭圆形或卵形，瓣面脉纹隐约可见，外轮花瓣有较小紫红色斑块，内轮花瓣基部被白色短茸毛；花丝长 0.8～1.6cm，5～6 轮筒状排列，外轮基部合生，内轮离生，无毛；花柱 3 条，长 0.8～1.2cm，约与雄蕊等高，无毛，离生；子房近球形，光滑无毛，3 室。蒴果三角状扁球形或扁球形，棕色或紫棕色，直径 2.2～4.6cm，高 2.0～2.5cm，重 12.7～28.9g，果皮厚 1.2～1.6mm。种子每室 1～3 粒，近球形、半球形或三角状球形，褐色，被棕色短茸毛。

花期 9～10 月，果熟期 5～6 月。

该种是中国的一个特有种，分布于广西龙州，生长在海拔 150～290m 的石灰岩常绿阔叶林中。

识别要点：该种嫩叶浅棕色，老叶长卵形；花淡黄色，花梗较长，外轮花瓣有较小紫红色斑块。

1	2
3	4

图 3-56　弄岗金花茶枝叶形态特征
1-嫩梢；2-成熟枝；3-花枝；4-果枝

图 3-57　弄岗金花茶单花开放进程

1 | 2

图 3-58　弄岗金花茶的花朵
1-正面；2-背面

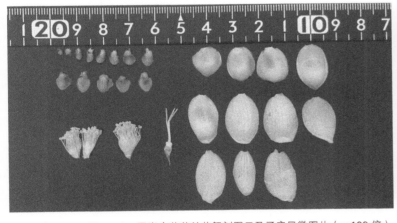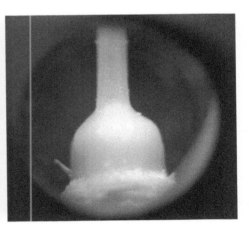

1 | 2

图 3-59　弄岗金花茶单花解剖图示及子房显微图片（×100 倍）
1-单花解剖图示；2-子房近球形，光滑无毛

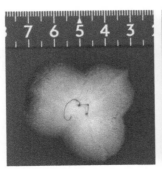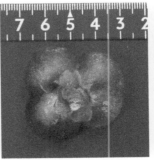

1 | 2 | 3

图 3-60　弄岗金花茶的果实
和种子形态特征
1-果实正面；2-果实背面；
3-种子褐色，被棕色短茸毛

13. 陇瑞金花茶 *Camellia longruiensis* S. Y. Liang et X. J. Dong

常绿灌木至小乔木，高 2.0～5.0m。树皮棕色。嫩枝圆柱形，淡黄棕色，无毛；老枝棕色。叶芽锥形，浅绿色。嫩叶蓝紫色。老叶薄革质，长椭圆形，长 6.3～11.6cm，宽 3.1～4.9cm，叶缘有浅细锯齿，先端渐尖，基部宽楔形至近圆形，正面绿色，背面浅绿色有黑色腺点，两面均无毛；侧脉 4～6 对；主脉和侧脉在叶面凹陷，在叶背凸起；网脉在叶两面均明显可见；叶柄长 0.5～1.1cm，无毛。花蕾卵球形。花淡黄色，单生或 2～3 朵簇生，顶生或腋生，直径 4.2～5.3cm；花梗长 0.4～0.7cm，或近无梗，无毛；苞片 4～6 枚，椭圆形；萼片 4～5 枚，浅绿色带深棕色，近圆形，宿存；花瓣 9～12 枚，最外轮花瓣长椭圆形有较大紫红色斑块，内轮花瓣卵形有较小紫红色斑块，边缘有轻微褶皱，瓣面脉纹不明显；花丝长 1.0～1.2cm，4～5 轮筒状排列，外轮基部合生，内轮离生，无毛；花柱 3～4 条，长 1.1～1.5cm，无毛，离生；子房近球形，光滑无毛，3～4 室。蒴果扁棱球形，深橄榄绿色带黄绿色或紫红色带浅绿色，直径 3.5～4.5cm，高 1.9～2.7cm，重 15.0～25.2g，果皮厚 1.0～1.6mm。种子每室 1～3 粒，近球形、半球形或三角状球形，黑褐色，被棕色短茸毛。

花期 9～11 月，果熟期 5～8 月。

该种是中国的一个特有种，分布于广西龙州，生长在海拔 150～300m 的山地常绿阔叶林中。

识别要点：该种嫩叶蓝紫色，老叶长椭圆形；最外轮花瓣有较大紫红色斑块，内轮花瓣有较小紫红色斑块，花梗较短或近无梗；花期 9～11 月；种子被棕色短茸毛。

1	2
3	4

图 3-61　陇瑞金花茶枝叶形态特征
1-嫩梢；2-成熟枝；3-花枝；4-果枝

图 3-62 陇瑞金花茶单花开放进程

| 1 | 2 |

图 3-63 陇瑞金花茶的花朵
1-正面；2-背面

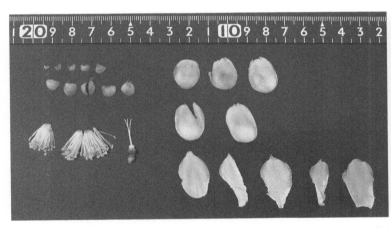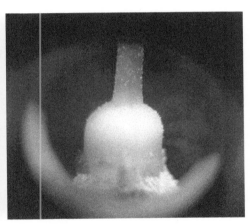

| 1 | 2 |

图 3-64 陇瑞金花茶单花解剖图示及子房显微图片（×100 倍）
1-单花解剖图示；2-子房近球形，光滑无毛

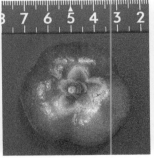

| 1 | 2 | 3 |

图 3-65 陇瑞金花茶的果实和
种子形态特征
1-果实正面；2-果实背面；
3-种子黑褐色，被棕色短茸毛

14. 小花金花茶 *Camellia micrantha* S. Y. Liang et Y. C. Zhong

常绿灌木至小乔木，高 2.0～4.0m。树皮棕色。嫩枝扁圆柱形，深紫棕色，无毛；老枝深棕色。叶芽锥形，浅黄绿色。嫩叶紫棕色。老叶革质，长椭圆形至倒卵形，长 8.5～16.8cm，宽 4.7～9.8cm，叶缘有细钝齿，先端短渐尖，基部楔形至宽楔形，正面深绿色，背面浅绿色有黑色腺点，两面均无毛；侧脉 6～8 对；主脉和侧脉在叶面凹陷，在叶背凸起；网脉在叶两面均明显可见；叶柄长 0.5～0.7cm，无毛。花蕾球形。花浅黄色，单生或 2～3 朵簇生，顶生或腋生，直径 2.0～2.7cm；花梗长 0.4～0.6cm；苞片 3～5 枚，半圆形；萼片 4～5 枚，浅黄绿色，内侧及边缘被白色短茸毛，宿存；花瓣 7～9 枚，长椭圆形，瓣面脉纹隐约可见；雄蕊多数，花丝长 0.6～1.2cm，3 轮筒状排列，外轮基部合生，内轮离生，无毛；花药黄色，椭圆形；花柱 3 条，长 1.1～1.6cm，无毛，离生；子房近球形，密被短茸毛，3 室。蒴果扁球形或不规则扁球形，红棕色至橄榄绿色，光滑，直径 2.0～3.7cm，高 1.9～2.2cm，重 7.3～19.7g，果皮厚 1.3～2.7mm。种子每室 1～2 粒，近球形或半球形，棕褐色。

花期 11～12 月，果熟期 10～11 月。

该种是中国的一个特有种，分布于广西宁明、凭祥等地，生长在海拔 190～350m 的常绿阔叶林中。

识别要点：该种叶片长椭圆形至倒卵形；花较小，直径 2.0～2.7cm，花瓣 7～9 枚，子房有短茸毛。

1	2
3	4

图 3-66　小花金花茶枝叶形态特征
1-嫩枝；2-成熟枝；3-花枝；4-果枝

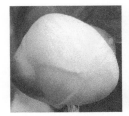

图3-67　小花金花茶单花开放进程

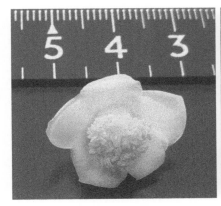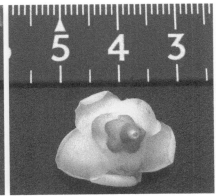

| 1 | 2 | 3 |

图3-68　小花金花茶的花朵
1-正面；2-侧面；3-背面

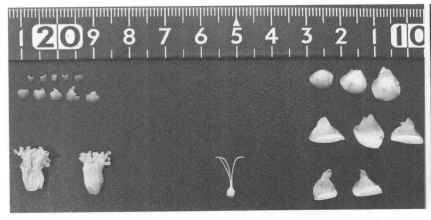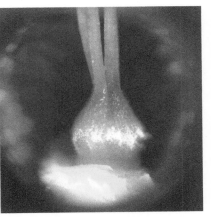

| 1 | 2 |

图3-69　小花金花茶单花解剖图示及子房显微图片（×100倍）
1-单花解剖图示；2-子房近球形，密被短茸毛

| 1 | 2 | 3 |

图3-70　小花金花茶的果实
和种子形态特征
1-果实正面；2-果实背面；
3-种子棕褐色

15. 富宁金花茶 *Camellia mingii* S. X. Yang

常绿灌木，高 2.0 ～ 4.0m。树皮浅棕色。嫩枝圆柱形，棕色至深棕色，被短茸毛；老枝红棕色，被短茸毛。嫩叶深棕色。老叶薄革质，椭圆形或卵形，长 8.8 ～ 13.5cm，宽 4.5 ～ 6.5cm，叶缘有细锯齿，先端长尾尖或急尖，基部宽楔形至近圆形，正面深绿色，背面浅绿色有黑色腺点，叶背有白色短茸毛；侧脉 5 ～ 7 对；主脉和侧脉在叶面凹陷，在叶背凸起；网脉在叶两面均明显可见；叶柄长 0.6 ～ 1.2cm，有短茸毛。花蕾球形。花黄色，单生或 2 ～ 3 朵簇生，顶生或腋生，直径 4.5 ～ 5.6cm；花梗长 0.5 ～ 0.7cm；苞片 4 ～ 5 枚，卵形至宽卵形；萼片 5 ～ 7 枚，浅橄榄绿色带棕色，外面无毛或近无毛，里面密被白色短茸毛，半圆形至宽卵形，宿存；花瓣 9 ～ 14 枚，近圆形，边缘轻微褶皱，瓣面脉纹隐约可见，两面均有白色短茸毛；花丝长 2.6 ～ 3.1cm，4 ～ 5 轮筒状排列，外轮基部与花瓣合生，内轮离生，基部有稀疏茸毛；花药黄色，椭圆形；花柱 3 条，长 2.6 ～ 3.1cm，无毛或有稀疏短茸毛，先端约 1/5 开裂，下部合生；子房卵球形，密被白色茸毛，3 室。蒴果扁球形，橄榄棕色或红色，表面有稀疏短茸毛，直径 4.8 ～ 7.1cm，高 3.6 ～ 4.8cm，重 50.0 ～ 105.0g，果皮厚 6.0 ～ 11.0mm。种子每室 2 ～ 4 粒，半球形或三角状球形，棕色，被棕色茸毛。

花期 12 月至翌年 2 月，果熟期 9 ～ 11 月。

该种是中国的一个特有种，分布于云南富宁，生长在海拔 800 ～ 1300m 的石灰岩常绿阔叶林中。

识别要点：该种的嫩枝、老枝、叶背、叶柄、萼片里面、花瓣两面和果皮均有短茸毛；花丝基部有稀疏茸毛，花柱先端约 1/5 开裂，下部合生，花柱无毛或有稀疏短茸毛，子房密被白色茸毛；果皮较厚。

1	2	3
4	5	

图 3-71 富宁金花茶枝叶形态特征
1-嫩枝有短茸毛；2、3-成熟枝、叶柄及叶背均有短茸毛；4-花枝；5-果枝

图 3-72　富宁金花茶单花开放进程

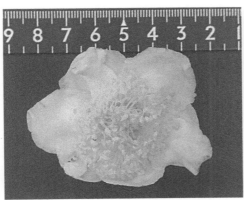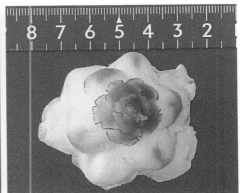

| 1 | 2 |

图 3-73　富宁金花茶的花朵
1-正面；2-背面

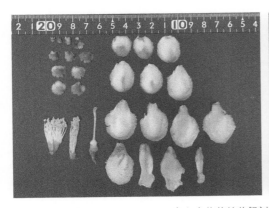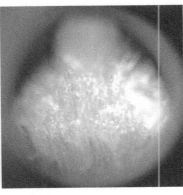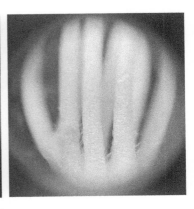

| 1 | 2 | 3 |

图 3-74　富宁金花茶单花解剖图示及子房和花丝显微图片（×100 倍）
1-单花解剖图示；2-子房卵球形，密被白色茸毛；3-花丝基部有稀疏茸毛

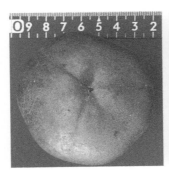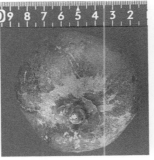

| 1 | 2 | 3 |

图 3-75　富宁金花茶的果
实和种子形态特征
1-果实正面；2-果实背面；
3-种子棕色，被棕色茸毛

16. 多瓣金花茶 *Camellia multipetala* S. Y. Liang et C. Z. Deng

常绿灌木至小乔木，高 2.0～4.0m。树皮棕色。嫩枝圆柱形，紫棕色，无毛；老枝棕色。叶芽锥形，绿色。嫩叶浅红棕色。老叶革质，较平直，长椭圆形，长 8.6～12.3cm，宽 3.2～4.9cm，叶缘有细密锯齿，先端短渐尖，基部楔形或宽楔形，正面深绿色，背面浅绿色有黑色腺点；侧脉 5～8 对；主脉和侧脉在叶面凹陷，在叶背凸起；网脉在叶面不明显，在叶背明显可见；叶柄长 0.5～1.2cm，绿色无毛。花蕾纺锤形。花黄色，单生或 2～3 朵簇生，顶生或腋生，直径 4.2～5.3cm；花梗长 0.9～1.1cm；苞片 4～5 枚，半圆形；萼片 5～6 枚，橄榄绿色带棕红色，半圆形，萼片外面及边缘有少量白色茸毛，里面密被白色茸毛，宿存；花瓣 13～15 枚，椭圆形，瓣面脉纹隐约可见；花丝长 2.0～2.9cm，4～5 轮筒状排列，外轮基部合生，内轮离生，无毛；花药黄色，椭圆形；花柱 3 条，长 2.1～2.4cm，无毛，离生；子房近球形，光滑无毛，3 室。蒴果三角状球形，红棕色带黄绿色，光滑，直径 1.6～3.4cm，高 1.7～2.1cm，重 9.6～15.8g，果皮厚 2.0～2.5mm。种子每室 1～3 粒，球形、半球形或三角状球形，棕色。

花期 12 月至翌年 3 月，果熟期 10～11 月。

该种是中国的一个特有种，分布于广西扶绥，生长在海拔 150～250m 的石灰岩常绿杂木林中。

识别要点：该种叶片较平直，长椭圆形，基部楔形或宽楔形；花黄色，花瓣较多，有 13～15 枚。

1	2
3	4

图 3-76　多瓣金花茶枝叶形态特征
1-嫩枝；2-成熟枝；3-花枝；4-果枝

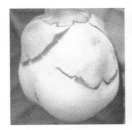

图 3-77　多瓣金花茶单花开放进程

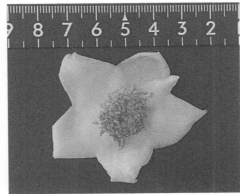

1 ｜ 2

图 3-78　多瓣金花茶的花朵
1-正面；2-背面

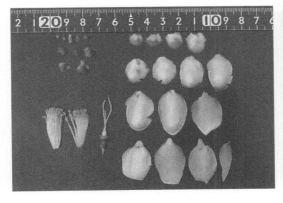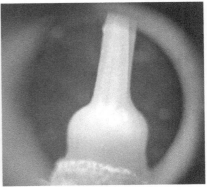

1 ｜ 2

图 3-79　多瓣金花茶单花
解剖图示及子房显微图片
（×100 倍）
1-单花解剖图示；2-子房
近球形，光滑无毛

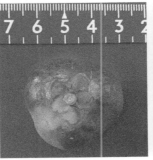

1 ｜ 2 ｜ 3

图 3-80　多瓣金花茶的果
实和种子形态特征
1-果实正面；2-果实背面；
3-种子棕色

17. 防城金花茶 *Camellia nitidissima* Chi

常绿灌木至小乔木，高 2.0～5.0m。树皮深棕色。嫩枝圆柱形，黄绿色，无毛；老枝黄白色。叶芽锥形，深绿色。嫩叶紫红色。老叶革质，长椭圆形或卵状椭圆形，长 11.5～17.3cm，宽 4.5～6.3cm，叶缘有细锯齿，先端短渐尖，基部宽楔形或近圆形，正面深绿色，背面浅绿色有黑色腺点；侧脉 6～9 对；网脉在叶面不明显，在叶背明显；叶柄长 0.9～1.1cm，无毛。花蕾卵球形或长卵球形。花金黄色，有蜡质光泽，单生或 2～3 朵簇生，顶生或腋生，直径 4.2～5.5cm；花梗长 1.0～1.3cm；苞片 4～8 枚，半圆形；萼片 5～6 枚，绿色，卵形，边缘有白色短茸毛，宿存；花瓣 8～11 枚，质厚，卵形或椭圆形，瓣面脉纹不明显；花丝长 1.8～2.0cm，4～5 轮筒状排列，外轮基部合生，内轮离生，无毛；花药黄色，椭圆形；花柱 3～4 条，长 2.5～3.5cm，无毛，离生；子房近球形，光滑无毛，3～4 室。蒴果扁球形，褐绿色至淡绿色，直径 3.1～7.5cm，高 2.3～4.1cm，重 18.1～75.1g，果皮厚 3.1～7.1mm。种子每室 1～3 粒，近球形、半球形或三角状球形，深棕色，被黄褐色茸毛。

花期 11 月至翌年 2 月，果熟期 10～11 月。

该种是中国的一个特有种，分布于广西防城港、东兴和上思，生长在海拔 50～650m 的土山常绿阔叶林下。

识别要点：该种叶片长椭圆形或卵状椭圆形，先端短渐尖，基部宽楔形或近圆形，侧脉 6～9 对，网脉在叶正面不明显，在背面明显；花金黄色，有蜡质光泽；种子被黄褐色茸毛。

1	2	3
	4	5

图 3-81　防城金花茶植株及枝叶形态特征
1-种植于乔木林下的植株；2-嫩枝；3-成熟枝；4-花枝；5-果枝

图 3-82 防城金花茶单花开放进程

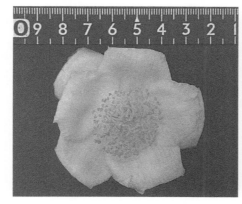

1 | 2

图 3-83 防城金花茶的花朵
1-正面；2-背面

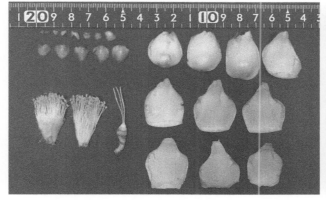

1 | 2

图 3-84 防城金花茶单花解剖
图示及子房显微图片（×20 倍）
1-单花解剖图示；2-子房近球
形，光滑无毛

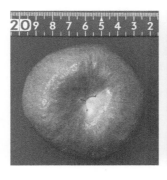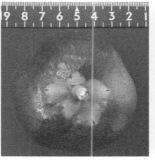

1 | 2 | 3

图 3-85 防城金花茶的果实和
种子形态特征
1-果实正面；2-果实背面；
3-种子深棕色，被黄褐色茸毛

18. 小瓣金花茶 *Camellia parvipetala* J. Y. Liang et Z. M. Su

常绿灌木，高 2.0～4.0m。树皮浅红棕色。嫩枝圆柱形，红棕色，无毛；老枝棕色。叶芽锥形，绿色。嫩叶紫棕色。老叶革质，椭圆形，长 9.6～15.5cm，宽 4.2～7.0cm，叶缘有浅钝锯齿，先端短尾尖，基部楔形或宽楔形，正面深绿色，背面浅绿色有黑色腺点，两面均无毛，叶面有光泽；侧脉 4～6 对；主脉和侧脉在叶面凹陷，在叶背凸起；网脉在叶两面均明显可见，叶肉在叶面隆起；叶柄长 0.6～1.0cm，无毛。花蕾球形。花黄色，单生或 2～3 朵簇生，顶生或腋生，直径 2.4～2.7cm；花梗长 0.5～0.7cm；苞片 5～7 枚，半圆形；萼片 5～6 枚，深绿色，半圆形至近圆形，内侧和外侧均无毛，边缘有白色短茸毛，宿存；花瓣 6～9 枚，椭圆形，薄且近透明，瓣面脉纹不明显；花丝长 1.1～1.4cm，2～3 轮筒状排列，外轮基部合生，内轮离生，无毛；花药黄色，椭圆形；花柱 3 条，长 1.2～1.4cm，无毛，离生；子房球形，光滑无毛，3 室。蒴果三角状扁球形，深红棕色带黄绿色，直径 3.0～4.3cm，高 1.7～2.2cm，重 10.5～25.4g，果皮厚 1.6～2.7mm。种子每室 1～3 粒，近球形、半球形或三角状球形，棕色。

花期 12 月至翌年 1 月，果熟期 11～12 月。

该种是中国的一个特有种，分布于广西宁明，生长在海拔 180～900m 的土山常绿杂木林中。

识别要点：该种叶片椭圆形，先端短尾尖，基部楔形或宽楔形；花较小，直径 2.4～2.7cm，子房光滑无毛。

1	2
3	4

图 3-86 小瓣金花茶枝叶形态特征

1-嫩梢；2-成熟枝；3-花枝；4-果枝

图 3-87 小瓣金花茶单花开放进程

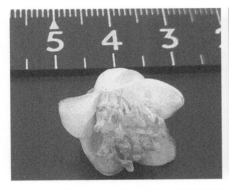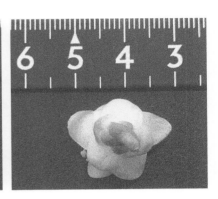

| 1 | 2 | 3 |

图 3-88 小瓣金花茶的花朵
1-正面；2-侧面；3-背面

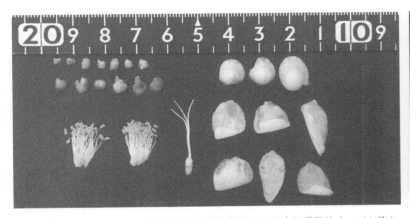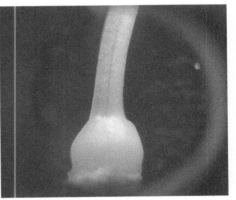

| 1 | 2 |

图 3-89 小瓣金花茶单花解剖图示及子房显微图片（×100 倍）
1-单花解剖图示；2-子房球形，光滑无毛

| 1 | 2 | 3 |

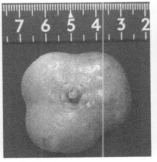

图 3-90 小瓣金花茶的果
实和种子形态特征
1-果实正面；2-果实背面；
3-种子棕色

19. 崇左金花茶 *Camellia perpetua* S. Y. Liang et L. D. Huang

常绿灌木，高 2.0 ～ 5.0m。树皮棕色。嫩枝圆柱形，橙棕色，光滑无毛；老枝深棕色。叶芽纺锤形，浅绿色。嫩叶紫棕色。老叶薄革质，椭圆形，长 6.5 ～ 8.0cm，宽 2.4 ～ 4.3cm，叶缘有细锯齿，先端渐尖或尾尖，基部宽楔形，正面深灰绿色有光泽，背面浅绿色，两面均无毛；侧脉 3 ～ 4 对；侧脉在叶面不明显，在叶背凸起；叶柄长 0.5 ～ 0.7cm，无毛。花蕾椭球形或卵球形。花金黄色，多为单生，顶生或腋生，直径 5.7 ～ 8.0cm；花梗长 0.6 ～ 1.1cm，无毛；苞片 4 ～ 5 枚，淡绿色，无毛，宽卵形；萼片 4 ～ 6 枚，黄绿色，半圆形，宿存；花瓣 12 ～ 14 枚，椭圆形或卵形，顶端圆形或微凹，无毛，瓣面脉纹不明显；花丝长 1.6 ～ 2.2cm，4 ～ 5 轮筒状排列，外轮基部与花瓣合生，内轮离生，无毛；花药黄色，椭圆形；花柱 3 ～ 5 条，长 2.1 ～ 2.5cm，无毛，离生；子房球形或棱球形，光滑无毛，3 ～ 5 室。蒴果扁棱球形，浅绿色带红棕色，光滑，直径 2.6 ～ 3.9cm，高 2.0 ～ 3.0cm，重 8.0 ～ 20.1g，果皮厚 0.9 ～ 1.6mm。种子每室 1 ～ 3 粒，球形、半球形或三角状球形，深棕色，被棕色短茸毛。

一年多季开花，盛花期 5 ～ 7 月；果熟期不定。

该种是中国的一个特有种，分布于广西崇左，生长在海拔 350m 的石灰岩常绿杂木林中。

识别要点：该种老叶正面深灰绿色有光泽；花瓣椭圆形或卵形，顶端圆形或微凹；一年多季开花，盛花期 5 ～ 7 月。

1	2
3	4

图 3-91 崇左金花茶枝叶形态特征
1-嫩枝；2-嫩枝及成熟枝；3-花枝；4-果枝

图3-92 崇左金花茶单花开放进程

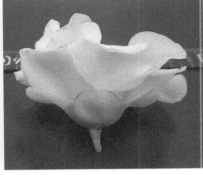

1	2	3

图3-93 崇左金花茶的花朵
1-正面；2-侧面；3-背面

1	2

图3-94 崇左金花茶单花
解剖图示及子房显微图片
（×100倍）
1-单花解剖图示；2-子房
棱球形，光滑无毛

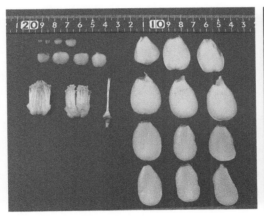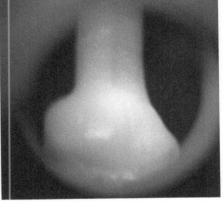

1	2	3

图3-95 崇左金花茶的果
实和种子形态特征
1-果实正面；2-果实背面；
3-种子深棕色，被棕色短
茸毛

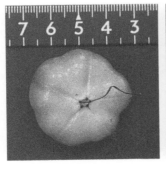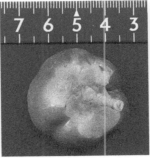

常绿灌木，高 1.0～3.0m。树皮浅棕色。嫩枝圆柱形，紫红色，无毛；老枝灰白色。叶芽锥形，紫棕色带深绿色。嫩叶紫红色。老叶革质，卵形或长卵形，较小，长 4.2～8.0cm，宽 2.4～3.8cm，叶缘有浅粗钝齿，先端渐尖，基部宽楔形至圆形，正面深绿色，背面浅绿色有黑色腺点；侧脉 4～8 对；主脉和侧脉在叶面凹陷，在叶背凸起；网脉在叶两面均不明显；叶柄长 0.4～0.8cm，无毛。花蕾球形或近球形。花淡黄色至近白色，质薄，无光泽，单生或 2～3 朵簇生，顶生或腋生，直径 2.2～3.0cm；花梗长 0.3～0.5cm，无毛；苞片 3～5 枚，长卵形或半圆形；萼片 3～5 枚，深绿色，半圆形，宿存；花瓣 7～10 枚，椭圆形；花丝长 1.1～1.7cm，3～4 轮筒状排列，外轮基部合生，内轮离生，无毛；花药黄色，椭圆形；花柱 3 条，长 1.2～2.2cm，无毛，离生；子房近球形，光滑无毛，3 室。蒴果近球形，浅绿色，光滑，直径 1.2～3.0cm，高 1.2～2.2cm，重 4.3～8.2g，果皮厚 1.4～1.8mm。种子每室 1～3 粒，近球形、半球形或三角状球形，深棕色。

花期 11 月至翌年 1 月，果熟期 9～10 月。

该种是中国的一个特有种，分布于广西平果、田东，生长在海拔 250～620m 的石灰岩常绿阔叶林中。

1	2
3	4

图 3-96　平果金花茶枝叶形态特征
1-嫩枝；2-成熟枝；3-花枝；4-果枝

识别要点：该种叶片较小，卵形或长卵形，网脉在叶两面均不明显；花淡黄色至近白色，直径较小，为 2.2～3.0cm。

图 3-97　平果金花茶单花开放进程

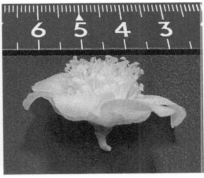

| 1 | 2 | 3 |

图 3-98　平果金花茶的花朵
1-正面；2-侧面；3-背面

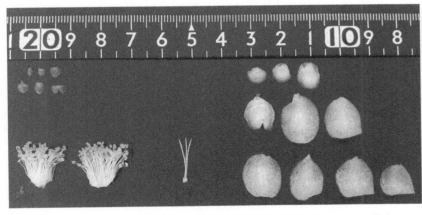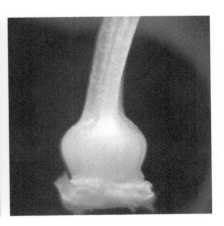

| 1 | 2 |

图 3-99　平果金花茶单花解剖图示及子房显微图片（×100 倍）
1-单花解剖图示；2-子房近球形，光滑无毛

| 1 | 2 | 3 |

图 3-100　平果金花茶的果实和种子形态特征
1-果实正面；2-果实背面；3-种子深棕色

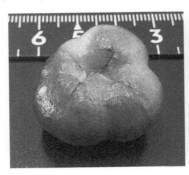

21. 顶生金花茶 *Camellia pingguoensis* D. Fang var. *terminalis* (J. Y. Liang et Z. M. Su) S. Y. Liang

常绿灌木，高 1.0 ～ 2.0m。树皮棕色。嫩枝圆柱形，紫棕色，无毛；老枝浅棕色，纤细。叶芽锥形，深绿色。嫩叶紫红色。老叶革质，卵形或长椭圆形，长 5.8 ～ 8.0cm，宽 2.5 ～ 3.4cm，叶缘有胼胝质浅钝锯齿，先端尾状渐尖或短尾尖，基部楔形、宽楔形或近圆形，正面深绿色，背面浅绿色有黑色腺点，两面均无毛，叶面有光泽；侧脉 3 ～ 5 对；网脉在叶面不明显；叶柄长 0.4 ～ 0.7cm，无毛。花蕾球形。花淡黄色，无蜡质光泽，单生或 2 ～ 3 朵簇生，多数顶生，偶有腋生，直径 3.5 ～ 4.2cm；花梗长 0.6 ～ 0.8cm，无毛；苞片 3 ～ 4 枚，半圆形；萼片 5 ～ 6 枚，绿色或橄榄绿色带黄色，半圆形，宿存；花瓣 8 ～ 9 枚，椭圆形或卵状椭圆形，瓣面脉纹隐约可见；花丝长 1.2 ～ 1.5cm，5 ～ 6 轮筒状排列，外轮基部合生，内轮离生，无毛；花药黄色，椭圆形；花柱 3 条，长 1.1 ～ 1.5cm，无毛，离生；子房扁球形，光滑无毛，3 室。蒴果扁棱球形，紫棕色带浅绿色，光滑，直径 2.3 ～ 3.5cm，高 1.5 ～ 2.1cm，重 5.6 ～ 12.1g，果皮厚 1.0 ～ 1.3mm。种子每室 1 ～ 3 粒，球形、半球形或三角状球形，褐色，被棕色茸毛。

花期 11 ～ 12 月，果熟期 4 ～ 5 月。

该种是中国的一个特有种，分布于广西天等，生长在海拔 130 ～ 450m 的石灰岩杂木林中。

1	2
3	4

图 3-101　顶生金花茶枝叶形态特征
1-嫩枝；2-成熟枝；3-花枝；4-果枝

识别要点: 该种叶片卵形或长椭圆形，先端尾状渐尖或短尾尖，基部楔形、宽楔形或近圆形；花淡黄色，多数顶生，直径 3.5～4.2cm。

图 3-102　顶生金花茶单花开放进程

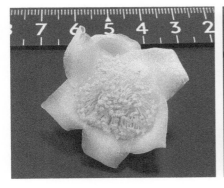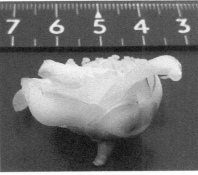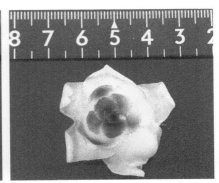

| 1 | 2 | 3 |

图 3-103　顶生金花茶的花朵
1-正面；2-侧面；3-背面

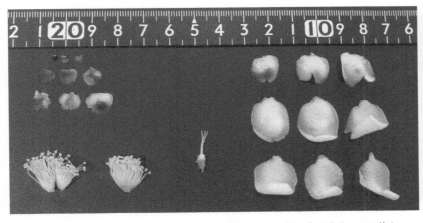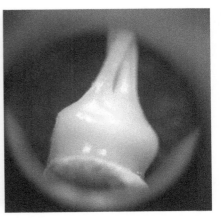

| 1 | 2 |

图 3-104　顶生金花茶单花解剖图示及子房显微图片（×100 倍）
1-单花解剖图示；2-子房扁球形，光滑无毛

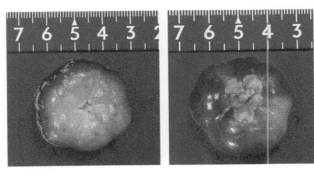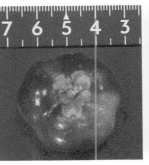

| 1 | 2 | 3 |

图 3-105　顶生金花茶的果
实和种子形态特征
1-果实正面；2-果实背面；
3-种子褐色，被棕色茸毛

22. 毛籽金花茶 *Camellia ptilosperma* S. Y. Liang et Q. D. Chen

常绿灌木，高2.0～4.0m。树皮棕色。嫩枝圆柱形，浅棕色或嫩绿色，光滑无毛；老枝深棕色。叶芽锥形，绿色。嫩叶浅棕绿色或粉紫色。老叶薄革质，长椭圆形，长10.2～14.0cm，宽3.9～5.4cm，叶缘有胼胝质浅细锯齿，先端渐尖或尾状急尖，基部楔形或宽楔形，正面深绿色，背面浅绿色有黑色腺点，两面均无毛；侧脉6～9对；主脉和侧脉在叶面凹陷，在叶背凸起；叶柄长0.5～1.1cm，无毛。花蕾椭圆状球形。花黄色，单生或2朵簇生，顶生或腋生，直径4.7～5.7cm；花梗长0.7～0.8cm，无毛；苞片4～5枚，淡黄绿色或有紫红色斑块，宽卵形；萼片5～7枚，浅绿色或有紫红色斑块，半圆形或卵形，宿存；花瓣8～14枚，内轮花瓣较长，椭圆形，外轮花瓣从基部起有紫红色斑块，较短，近圆形，花瓣边缘向外翻，瓣面脉纹不明显；花丝长1.0～1.2cm，4～5轮筒状排列，外轮基部合生，内轮离生，无毛；花药黄色，椭圆形；花柱3～4条，长0.9～1.0cm，比雄蕊短，无毛，离生；子房近球形，光滑无毛，3～4室。蒴果扁棱球形，浅绿色带深红棕色，光滑，直径3.0～4.7cm，高1.8～2.6cm，重9.8～27.6g，果皮厚1.7～2.4mm。种子每室1～3粒，近球形、半球形或三角状球形，深棕色，被短茸毛。

花期4～12月，盛花期为夏季，果熟期5～11月。

该种是中国的一个特有种，分布于广西宁明、凭祥等地，生长于海拔190～230m的常绿阔叶林中。

识别要点：该种花黄色，外轮花瓣有紫红色斑块；花期长，盛花期为夏季；种子被短茸毛。

1	2	3
4	5	

图3-106　毛籽金花茶枝叶形态特征
1、2-嫩梢；3-成熟枝；
4-花枝；5-果枝

图 3-107　毛籽金花茶单花开放进程

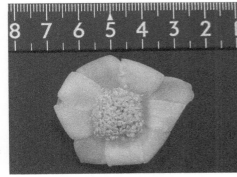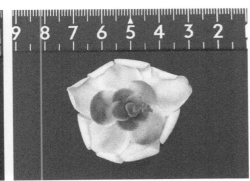

1 | 2

图 3-108　毛籽金花茶的花朵
1-正面；2-背面

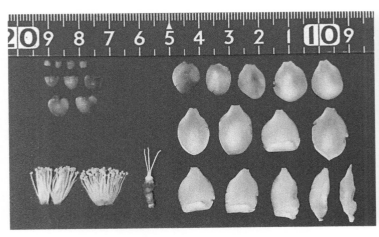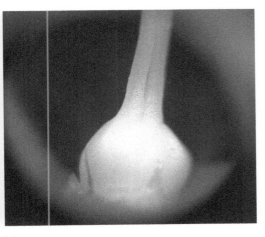

1 | 2

图 3-109　毛籽金花茶单花解剖图示及子房显微图片（×100 倍）
1-单花解剖图示；2-子房近球形，光滑无毛

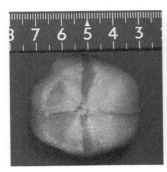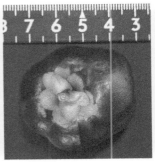

1 | 2 | 3

图 3-110　毛籽金花茶的果
实和种子形态特征
1-果实正面；2-果实背面；
3-种子深棕色，被短茸毛

23. 毛瓣金花茶 *Camellia pubipetala* Y. Wan et S. Z. Huang

常绿灌木至小乔木，高 2.0 ～ 6.0m。树皮棕色。嫩枝圆柱形，红棕色，密被短茸毛；老枝深灰色。叶芽圆锥形，深黄绿色。嫩叶紫棕色，密被短茸毛。老叶革质，有光泽，长椭圆形，长 8.3 ～ 14.5cm，宽 4.7 ～ 6.9cm，叶缘有胼胝质钝细锯齿，先端渐尖，基部宽楔形至圆形，正面深绿色，背面浅绿色有黑色腺点，正面无毛，背面密被短茸毛；侧脉 5 ～ 9 对；主脉和侧脉在叶面凹陷，在叶背凸起；网脉在叶背明显可见；叶柄长 0.5 ～ 0.9cm，有短茸毛。花蕾橄榄球形。花黄色，单生或 2 ～ 3 朵簇生，顶生或腋生，直径 4.4 ～ 8.2cm；花梗短或近于无；苞片 3 ～ 6 枚，椭圆形，棕黄色，密被短茸毛；萼片 6 ～ 8 枚，棕绿色，密被短茸毛，近圆形，宿存；花瓣 8 ～ 13 枚，椭圆形或卵形，背面密被短茸毛；花丝长 1.2 ～ 1.4cm，4 ～ 5 轮筒状排列，外轮基部合生，内轮离生，密被灰白色短茸毛；花药黄色，椭圆形；花柱 3 条，长 1.2 ～ 1.4cm，密被短茸毛，上部约 1/3 分裂，下部合生；子房近球形，密被灰白色短茸毛，3 室。蒴果扁棱球形，棕绿色，表面粗糙，直径 2.2 ～ 4.5cm，高 1.8 ～ 2.7cm，重 9.1 ～ 24.3g，果皮厚 1.3 ～ 2.8mm。种子每室 1 ～ 2 粒，近球形或半球形，棕色，被短茸毛。

花期 1 ～ 3 月，果熟期 9 ～ 10 月。

该种是中国的一个特有种，分布于广西隆安、大新，生长在海拔 190 ～ 370m 的常绿阔叶林中。

1	2
3	4

图 3-111　毛瓣金花茶枝叶形态特征
1-嫩枝；2-半成熟枝；3-成熟枝；4-果枝

识别要点: 该种嫩枝、嫩叶、老叶背面、苞片、萼片、花瓣、花丝、花柱和子房均密被短茸毛; 花蕾橄榄球形, 花梗短或近于无, 苞片棕黄色、萼片棕绿色; 果实表面粗糙。

图 3-112　毛瓣金花茶单花开放进程

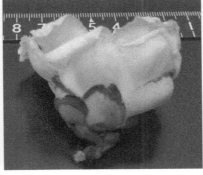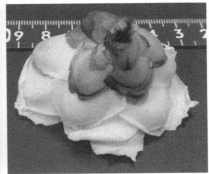

| 1 | 2 | 3 |

图 3-113　毛瓣金花茶的花朵
1-正面; 2-侧面; 3-背面

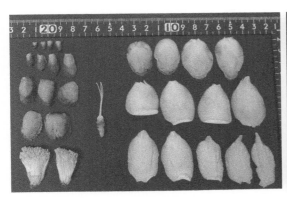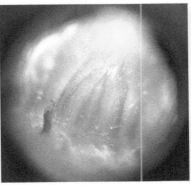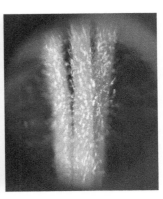

| 1 | 2 | 3 |

图 3-114　毛瓣金花茶单花解剖图示及子房、花丝显微图片 (×100 倍)
1-单花解剖图示; 2、3-子房、花丝密被灰白色短茸毛

| 1 | 2 | 3 |

图 3-115　毛瓣金花茶果实
形态特征
1-果实正面; 2-果实背面;
3-种子棕色, 被短茸毛

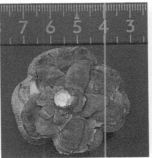

24. 隆安金花茶 *Camellia rostrata* S. X. Yang

常绿灌木至小乔木，高 2.0～6.0m。树皮橄榄棕色。嫩枝圆柱形，绿色或深棕色，无毛；当年生成熟枝灰白色。叶芽锥形，浅绿色。嫩叶黄绿色或深棕色。老叶薄革质，椭圆形至长椭圆形，长 8.5～16.8cm，宽 4.7～9.8cm，叶缘有粗锯齿，先端短渐尖，基部宽楔形至圆形，正面深绿色，背面浅绿色有黑色腺点；侧脉 7～10 对；主脉和侧脉在叶面略微凹陷，在叶背略微凸起；网脉在叶两面均明显可见；叶柄长 0.7～1.1cm。花蕾近球形。花金黄色，单生或 2～3 朵簇生，顶生或腋生，直径 3.4～4.8cm；花梗长 1.1～1.4cm，无毛；苞片 3～5 枚，三角形；萼片 5～7 枚，黄绿色至蜡黄色，宽卵形至近圆形，外面光滑，里面及边缘被灰白色短茸毛，宿存；花瓣 11～12 枚，近圆形至椭圆形；花丝长 2.1～2.7cm，筒状排列，外轮基部合生，内轮离生，无毛；花药黄色；花柱 3～4 条，长 0.9～1.3cm，无毛，离生；子房近球形，光滑无毛，3～4 室。蒴果三角状球形或卵球形，先端具长 0.5～1.0cm 的喙，黄绿色，直径 3.6～5.4cm，高 4.8～6.9cm，重 21.5～74.1g，果皮厚 3.8～5.5mm。种子每室 1～4 粒，近球形、半球形或三角状球形，深棕色，被稀疏棕色短茸毛。

花期 9～12 月，果熟期 5～7 月。

该种是中国的一个特有种，分布于广西隆安，生长在海拔 30～100m 的石灰岩常绿阔叶林中。

识别要点：该种叶片薄革质，椭圆形至长椭圆形；花金黄色，花期 9～12 月；果熟期 5～7 月，果实先端具喙。

1	2	3
4	5	

图 3-116　隆安金花茶
枝叶形态特征
1、2-嫩枝；3-成熟枝；
4-花枝；5-果枝

图 3-117　隆安金花茶单花开放进程

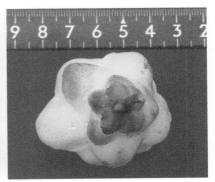

| 1 | 2 | 3 |

图 3-118　隆安金花茶的花朵
1-正面；2-侧面；3-背面

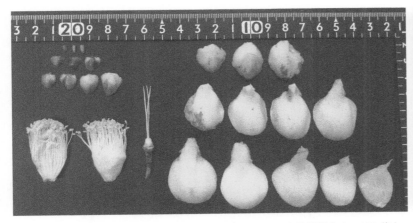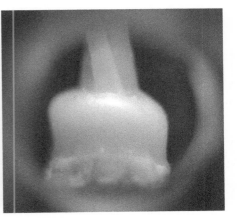

| 1 | 2 |

图 3-119　隆安金花茶单花解剖图示及子房显微图片（×100 倍）
1-单花解剖图示；2-子房近球形，光滑无毛

| 1 | 2 | 3 |

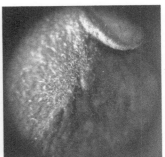

图 3-120　隆安金花茶的果
实和种子形态特征
1-果实；2-种子深棕色；
3-种子显微图片示其被稀
疏棕色短茸毛（×100 倍）

25. 天峨金花茶 *Camellia tianeensis* S. Y. Liang et Y. T. Luo

常绿灌木，高 2.0～4.0m。树皮深棕色。嫩枝圆柱形，紫棕色，无毛；老枝黄棕色。叶芽锥形，深绿色。嫩叶深紫红色。老叶薄革质，椭圆形或卵状椭圆形，长 6.6～11.7cm，宽 3.2～7.9cm，叶缘有细锯齿，先端短渐尖，基部楔形至宽楔形，正面深绿色，背面浅绿色有黑色腺点，叶两面均无毛，叶片呈轻微波浪状；侧脉 6～11 对；主脉和侧脉在叶面凹陷，在叶背凸起；网脉在叶面不明显，在叶背明显可见；叶柄长 0.7～1.1cm，无毛。花蕾近球形。花淡黄色，单生或 2～3 朵簇生，顶生或腋生，直径 4.4～5.5cm；花梗长 0.5～0.8cm；苞片 4～5 枚，半圆形；萼片 3～5 枚，绿色，近圆形，外面无毛，里面被短茸毛，宿存；花瓣 9～11 枚，近圆形，外轮花瓣背面有粉紫色斑块；花丝长 1.2～1.6cm，4～5 轮筒状排列，外轮基部合生，内轮离生，无毛；花药黄色；花柱 3 条，长 1.5～1.7cm，无毛，离生；子房扁球形，有棱，光滑无毛，3 室。蒴果扁三角状球形，黄绿色带深棕色，直径 2.0～4.3cm，高 1.7～3.8cm，重 11.2～20.4g，果皮厚 1.3～2.0mm。种子每室 1～3 粒，近球形、半球形或三角状球形，深棕色，被棕色短茸毛。

花期 2～4 月，果熟期 9～10 月。

该种是中国的一个特有种，分布于广西天峨，生长在海拔 350～450m 的石灰岩常绿阔叶林中。

识别要点：该种叶片薄革质，椭圆形或卵状椭圆形，叶片呈轻微波浪状；花淡黄色，外轮花瓣背面有粉紫色斑块。

1	2
3	4

图 3-121　天峨金花茶枝叶形态特征

1-嫩枝；2-成熟枝；3-花枝；4-果枝

图 3-122　天峨金花茶单花开放进程

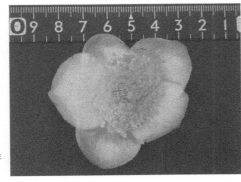

1 | 2

图 3-123　天峨金花茶的花朵
1-正面；2-背面

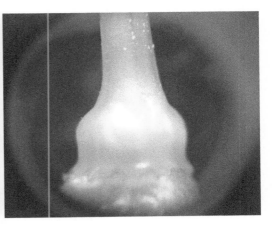

1 | 2

图 3-124　天峨金花茶单花解剖图示及子房显微图片（×100倍）
1-单花解剖图示；2-子房扁球形，有棱，光滑无毛

1 | 2 | 3

图 3-125　天峨金花茶的果
实和种子形态特征
1-果实正面；2-果实背面；
3-种子深棕色，被棕色短
茸毛

常绿灌木至小乔木，高 2.0 ～ 5.0m。树皮浅棕色。嫩枝圆柱形，黄棕色或棕绿色，无毛；老枝褐色。嫩叶深紫棕色或棕绿色。老叶薄革质，椭圆形至卵形，长 6.4 ～ 9.4cm，宽 3.0 ～ 4.5cm，叶缘有浅钝锯齿，先端渐尖，基部宽楔形至圆形，正面深绿色，背面浅绿色有黑色腺点；侧脉 3 ～ 4 对；网脉不明显；叶柄长 0.9 ～ 1.2cm，无毛。花蕾球形。花淡黄色，单生或 2 ～ 3 朵簇生，顶生或腋生，直径 3.8 ～ 4.8cm；花梗长 0.8 ～ 1.3cm，无毛；苞片 4 ～ 6 枚，半圆形；萼片 5 ～ 6 枚，淡绿色，长卵形，宿存；花瓣 8 ～ 11 枚，椭圆形；花丝长 1.8 ～ 2.1cm，4 ～ 5 轮筒状排列，外轮基部合生，内轮基部近离生，光滑无毛；花药黄色，椭圆形；花柱 3 ～ 4 条，长 1.9 ～ 2.3cm，无毛，离生；子房近球形，光滑无毛，3 ～ 4 室。蒴果三角状扁球形，绿色带深棕色，直径 3.3 ～ 4.6cm，高 2.2 ～ 2.7cm，重 10.5 ～ 33.0g，果皮厚 1.4 ～ 2.2mm。种子每室 1 ～ 3 粒，球形、半球形或三角状球形，棕色，被短茸毛。

花期 2 ～ 4 月，果熟期 12 月至翌年 1 月。

该种是中国的一个特有种，分布于广西防城港、东兴，生长在海拔 180 ～ 650m 的常绿阔叶林中。

1	2
3	4

图 3-126 东兴金花茶枝叶形态特征
1、2-嫩枝；3-嫩梢、成熟枝及花枝；4-果枝

识别要点: 该种叶片较小且较薄,叶柄较长;花淡黄色,花梗较长,花期2～4月。

图3-127 东兴金花茶单花开放进程

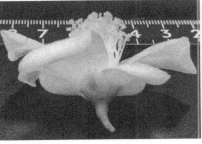

1	2	3

图3-128 东兴金花茶的花朵
1-正面;2-侧面;3-背面

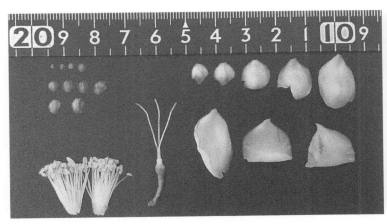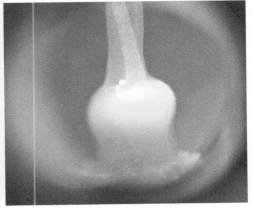

1	2

图3-129 东兴金花茶单花解剖图示及子房显微图片(×100倍)
1-单花解剖图示;2-子房近球形,光滑无毛

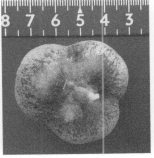

1	2	3

图3-130 东兴金花茶的果
实和种子形态特征
1-果实正面;2-果实背面;
3-种子棕色,被短茸毛

27. 武鸣金花茶 *Camellia wumingensis* S. Y. Liang et C. R. Fu

常绿灌木，高 1.5 ～ 3.0m。树皮浅棕黄色。嫩枝圆柱形，浅红棕色，无毛；老枝灰白或黄棕色。叶芽锥形，深绿色。嫩叶红棕色。老叶革质，椭圆形或长椭圆形，长 6.5 ～ 11.4cm，宽 3.3 ～ 4.9cm，叶缘有胼胝质浅细锯齿，先端窄短尾尖或短渐尖，基部楔形，正面深绿色，背面浅绿色有黑色腺点；侧脉 5 ～ 7 对；主脉和侧脉在叶面凹陷，在叶背凸起；网脉在叶两面均可见；叶柄长 0.8 ～ 1.1cm，无毛。花蕾球形。花橙黄色，单生或 2 ～ 3 朵簇生，顶生或腋生，直径 3.2 ～ 5.0cm；花梗长 0.5 ～ 1.1cm；苞片 4 ～ 5 枚，半圆形，外面有蜡质光泽；萼片 5 ～ 7 枚，深绿色带深红色，外面无毛，里面至边缘有白色短茸毛，卵形或近圆形，宿存；花瓣 8 ～ 10 枚，椭圆形或宽卵形，外轮花瓣有蜡质光泽，瓣面脉纹不明显；花丝长 0.9 ～ 1.2cm，4 ～ 5 轮筒状排列，外轮基部与花瓣合生，内轮离生，无毛；花药黄色，椭圆形；花柱 3 条，长 1.4 ～ 1.8cm，比雄蕊长，无毛，离生；子房近扁球形，光滑无毛，3 室。蒴果扁球形，深紫红色带浅绿色，光滑，直径 3.7 ～ 4.2cm，高 1.7 ～ 2.3cm，重 13.1 ～ 23.5g，果皮厚 1.3 ～ 1.9mm。种子每室 1 ～ 3 粒，近球形、半球形或三角状球形，黑色，有褶皱条纹。

花期 8 ～ 11 月，果熟期 4 ～ 5 月。

该种是中国的一个特有种，分布于广西武鸣，生长在海拔 190 ～ 370m 的石灰岩常绿阔叶林中。

1	2
3	4

图 3-131　武鸣金花茶枝叶形态特征
1-嫩梢；2-嫩枝及成熟枝；3-花枝；4-果枝

识别要点：该种花橙黄色，外轮花瓣有蜡质光泽；蒴果多为深紫红色，种子黑色，有褶皱条纹；花期 8～11 月，果熟期 4～5 月。

图 3-132　武鸣金花茶单花开放进程

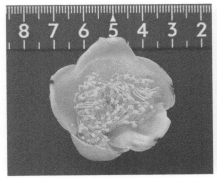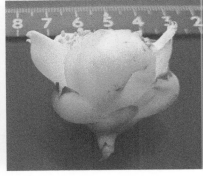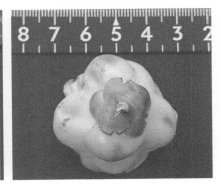

| 1 | 2 | 3 |

图 3-133　武鸣金花茶的花朵
1-正面；2-侧面；3-背面

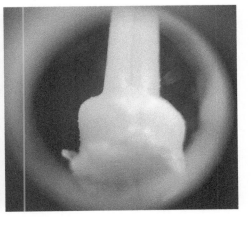

| 1 | 2 |

图 3-134　武鸣金花茶单花解剖图示及子房显微图片（×100 倍）
1-单花解剖图示；2-子房近扁球形，光滑无毛

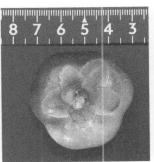

| 1 | 2 | 3 |

图 3-135　武鸣金花茶的果实和种子形态特征
1-果实正面；2-果实背面；3-种子黑色，有褶皱条纹

二、国外金花茶物种

1. 五室金花茶 *Camellia aurea* H. T. Chang

多年生常绿灌木，高 2.0～3.0m。树皮灰褐色，近平滑或微纵裂。嫩枝圆柱形，红棕色，光滑无毛；老枝黄棕色。叶芽近锥形或纺锤形，绿色，欲展开时长 2.8～4.8cm，宽 0.3～0.5cm。叶互生。嫩叶初生时粉红色至紫红色，随后渐变为黄棕色，有光泽。老叶革质，宽椭圆形，长 11.5～23.3cm，宽 4.3～11.9cm，叶缘有稀疏锯齿，先端锐尖，基部宽楔形或圆形，正面深绿色，背面浅绿色有黑色腺点，两面均光滑无毛；侧脉 8～13 对；主脉、侧脉及网脉在叶两面均很明显，在叶面凹陷（网脉凹陷较深），在叶背凸起；叶柄长 0.8～2.6cm，光滑无毛。花金黄色，有蜡质光泽，单生枝顶或叶腋，偶有 2 朵簇生叶腋，直径 3.7～5.1cm，单花鲜重 2.6～3.4g；花梗长 0.7～1.0cm；苞片 3～6 枚，指甲状，紫棕色；萼片 3～5 枚，宽指甲状，紫棕色或带有绿色斑块，里面被短茸毛；花瓣 8～9 枚，长 1.7～4.0cm，宽 1.3～2.6cm，3 轮排列，最外轮花瓣萼片状、近圆形，中间一轮花瓣近圆形或卵形，内轮花瓣长卵形，花瓣边缘及两面均有短茸毛，里面两轮花瓣往外翻折；雄蕊多数，花丝长 1.5～2.2cm，基部与花瓣合生，光滑无毛；花柱 3～5 条，长 2.2～3.4cm，光滑无毛，离生；子房上位，球形，直径 2.2～3.6mm，光滑无毛，3～5 室。蒴果扁球形，成熟果皮紫红色带绿色斑块或绿色，基部具紧贴的宿存萼片和苞片，直径 3.5～5.3cm，高 3.2～3.9cm，重 30.8～67.3g。种子每室 1～3 粒，近球形、半球形或三角状球形，棕色或黑褐色，被棕色短茸毛。

1	2	3
	4	5

图 3-136　五室金花茶植株及枝叶形态特征
1-植株；2-嫩枝；3-成熟枝；4-花枝；5-果枝

花期 12 月至翌年 1 月，果熟期 9 ~ 10 月。

该种是越南的一个特有种，分布于越南谅山省。

识别要点：该种嫩叶初生时粉红色至紫红色，老叶宽椭圆形，基部宽楔形或圆形，叶面网脉凹陷较深；最外轮花瓣萼片状、近圆形，里面两轮花瓣往外翻折；花柱 3 ~ 5 条。

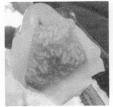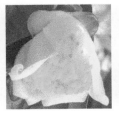

图 3-137　五室金花茶单花开放进程

| 1 | 2 |

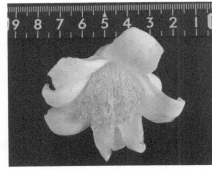

图 3-138　五室金花茶的花朵
1-正面；2-侧面

| 1 | 2 |

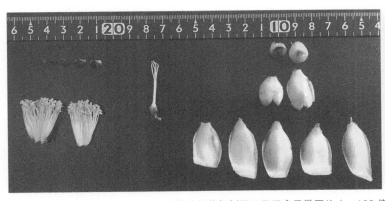

图 3-139　五室金花茶单花解剖图示及子房显微图片（×100 倍）
1-单花解剖图示；2-子房球形，光滑无毛

| 1 | 2 | 3 | 4 |

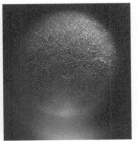

图 3-140　五室金花茶的果实和种子形态特征
1-果实正面；2-果实背面；3-种子棕色；4-种子显微图片示其被棕色短茸毛（×100 倍）

2. 厚叶金花茶 *Camellia crassiphylla* Ninh et Hakoda

多年生常绿灌木。树皮棕褐色，近平滑或微纵裂。嫩枝圆柱形，红棕色，光滑无毛；老枝黄棕色。叶芽长扁球形，浅绿色。叶互生。嫩叶初生时深紫棕色，光滑无毛，随后渐变为黄棕色。成熟叶片厚革质，阔椭圆形，长10.7～15.9cm，宽4.5～10.3cm，叶缘有规则浅锯齿，统一朝向叶尖部，先端渐尖或锐尖，基部楔形、宽楔形或近圆形，正面深绿色，背面浅绿色，两面均光滑无毛；侧脉7～9对；主脉和侧脉在叶两面均很明显，在叶面凹陷，在叶背凸起；叶柄长0.8～2.5cm。花黄色，单生枝顶或叶腋，直径4.0～5.6cm；花梗长0.3～0.5cm；苞片3～5枚，边缘有灰白色短茸毛；萼片4～5枚，边缘有灰白色短茸毛；花瓣8～10枚，椭圆形，长0.8～2.1cm，宽0.9～1.6cm，光滑，基部与雄蕊合生；雄蕊多数，花丝长1.6～1.7cm，光滑，外轮从基部往上至约5.0mm处合生并形成一个短杯状，内轮离生；花柱3条，无毛，离生；子房扁球形，光滑无毛，3室。蒴果扁球形，直径4.5～4.7cm，高2.5～2.7cm，果皮厚2.0～3.0mm。种子每室1～3粒，近球形、半球形或三角状球形，光滑无毛。

花期12月至翌年1月。

该种是越南的一个特有种，分布于越南永福省，生长在海拔500～600m的常绿阔叶林中。

识别要点：该种成熟叶片厚革质，较大，阔椭圆形；外轮花丝从基部至约5.0mm处合生并形成一个短杯状。

图3-141　厚叶金花茶枝叶形态特征
1-嫩枝；2-成熟枝；3-花枝

图 3-142 厚叶金花茶单花开放进程

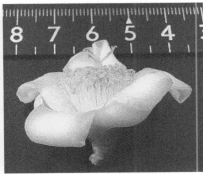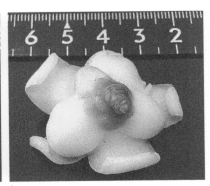

| 1 | 2 | 3 |

图 3-143 厚叶金花茶的花朵
1-正面；2-侧面；3-背面

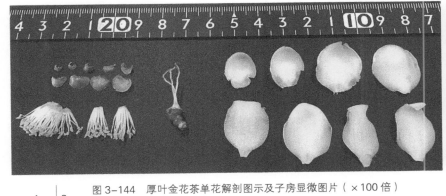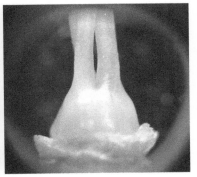

| 1 | 2 |

图 3-144 厚叶金花茶单花解剖图示及子房显微图片（×100倍）
1-单花解剖图示；2-子房扁球形，光滑无毛

3. 菊芳金花茶 *Camellia cucphuongensis* Ninh et Hakoda

多年生常绿灌木，株型较其他金花茶物种矮小，树枝横向分枝发达，冠幅茂密。树皮灰褐色。嫩枝圆柱形，黄绿色，有光泽，光滑无毛，呈下垂状；老枝棕色或橙棕色，光滑无毛。叶芽长扁球形，基部较宽，尖端锋利，黄绿色，欲展开时长 3.6～7.2cm，宽 0.3～0.5cm。嫩芽、新梢均为浅绿色，刚抽生出来时呈下垂状态，老熟后向上伸展。叶互生。嫩叶初生时黄绿色，随后渐变为淡绿色，有光泽。成熟叶片革质，椭圆形，长 6.6～15.4cm，宽 2.1～5.7cm，叶缘有细锯齿呈轻微波浪状，先端尾状渐尖，基部宽楔形或浅心形，正面深绿色，背面绿色，两面均光滑无毛；侧脉 7～10 对；主脉和侧脉在叶两面均很明显，在叶面凹陷，在叶背凸起，网脉不明显；叶柄长 0.2～0.5cm。花蕾橄榄球形。花淡黄色，多为单生枝顶或叶腋，偶有 2～3 朵簇生枝顶，盛开时呈钟状，直径 2.6～5.4cm；花梗较长，0.7～1.1cm；苞片 4～6 枚，呈覆瓦状排列，指甲状，绿色，光滑；萼片 5～9 枚，呈鳞片状排列，绿色带黄色，两面均被短茸毛；花瓣 12～15 枚，椭圆形，长 2.3～3.0cm，宽 1.3～1.6cm，花瓣两面均被灰白色短茸毛，瓣面脉纹不明显，大小不一，外轮花瓣较小，内轮花瓣较大；雄蕊多数，花丝长 1.0～1.7cm，黄色，基部有稀疏灰白色短茸毛，与花瓣合生呈圆筒状；花柱 5 条，长 2.3～2.9cm，淡黄色，有灰白色短茸毛，完全离生；柱头不明显，与花柱同色；子房上位，近球形，有棱，直径 3.0～4.0mm，淡黄色，密被灰白色短茸毛，5 室。蒴果扁球形，有凹棱，成熟果皮浅绿色或带黄棕色斑块，光滑无毛，果脐凸起，顶端微凹陷，基部具紧贴的宿存萼片和苞片，直径 2.6～4.9cm，高 2.2～3.0cm，重 12.2～28.9g，果皮厚约 3.0mm。种子每室 1～4 粒，近球形、半球形或三角状球形，黑褐色，被棕色短茸毛。

| 1 | 2 | 3 |
| 4 | 5 | |

图 3-145　菊芳金花茶植株及枝叶形态特征
1-植株；2-嫩芽、新梢，浅绿色，下垂；
3-嫩枝和成熟枝；4-花枝；5-果枝

花期 12 月至翌年 5 月，果熟期 9 ～ 10 月。

该种是越南的一个特有种，分布于越南宁平省，生长在海拔 300 ～ 500m 的潮湿山谷的常绿阔叶林中。

识别要点：该种嫩芽、新梢均为浅绿色，刚抽生出来时呈下垂状态，老熟后向上伸展；花瓣、雌蕊和花丝均被灰白色短茸毛；蒴果扁球形，有凹棱，果脐凸起，顶端微凹陷。

图 3-146 菊芳金花茶单花开放进程

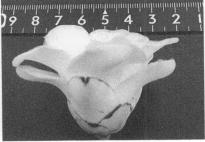

| 1 | 2 | 3 |

图 3-147 菊芳金花茶的花朵
1-正面；2-侧面；3-背面

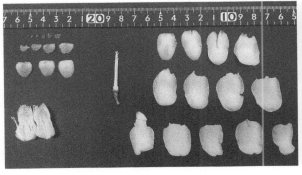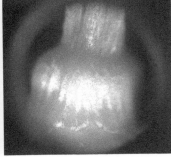

| 1 | 2 |

图 3-148 菊芳金花茶单花解剖图示及子房显微图片（×100 倍）
1-单花解剖图示；2-子房有棱，密被灰白色短茸毛

| 1 | 2 | 3 | 4 |

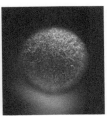

图 3-149 菊芳金花茶的果实和种子形态特征
1-果实正面，扁球形，有凹棱；2-果实背面；3-种子黑褐色；4-种子显微图片示其被棕色短茸毛（×100 倍）

4. 黄花茶 *Camellia flava* (Pitard) Sealy

多年生常绿灌木，树冠、枝条整体自然下垂。树皮灰色。嫩枝圆柱形，浅绿色，被灰白色短茸毛；老枝黄棕色。膨大叶芽近锥形或纺锤形，绿色。叶互生。嫩叶浅绿色。老叶革质，长椭圆形或卵状长圆形，长 11.9～19.7cm，宽 4.8～8.4cm，叶缘有稀疏锯齿，先端尾状渐尖，基部浅心形，正面深绿色，背面浅绿色；侧脉 7～8 对；主脉和侧脉在叶两面均很明显，在叶面凹陷，在叶背凸起，叶背主脉上有稀疏灰白色短茸毛，网脉不明显；叶柄长 0.3～0.7cm。花蕾紫红色。花淡黄色，无蜡质光泽，单生或 2～3 朵簇生枝顶或叶腋，钟状，直径 3.8～4.5cm，单花鲜重 4.5～5.8g；花梗较长，约 1.0cm；苞片 4～6 枚，指甲状或卵形，浅绿色，两面和边缘均被灰白色短茸毛；萼片 6 枚，近圆形或宽卵形，淡黄绿色，有紫红色斑块，两面和边缘均被灰白色短茸毛；花瓣 15～16 枚，最外轮花瓣近圆形，有紫红色斑块，内轮花瓣卵形或长椭圆形，花瓣两面均被灰白色短茸毛；雄蕊多数，花丝长 1.8～2.9cm，外轮基部与花瓣合生，内轮离生；花柱 4～5 条，长约 2cm，完全离生，基部被灰白色短茸毛；子房上位，扁球形，有棱，直径约 3.2mm，密被灰白色短茸毛，4～5 室。

花期 12 月至翌年 2 月。

该种是越南的一个特有种，分布于越南和平省、宁平省。

识别要点：该种树冠、枝条整体自然下垂；叶基部浅心形；萼片及最外轮花瓣有紫红色斑块；嫩枝、苞片、萼片、花瓣和花柱基部均被灰白色短茸毛。

图 3-150　黄花茶植株及枝叶形态特征
1-植株；2-花枝；3-叶基部浅心形

图 3-151　黄花茶单花开放进程

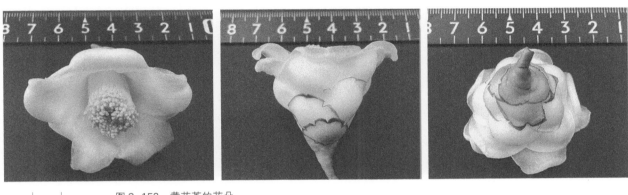

| 1 | 2 | 3 |

图 3-152　黄花茶的花朵
1-正面；2-侧面；3-背面

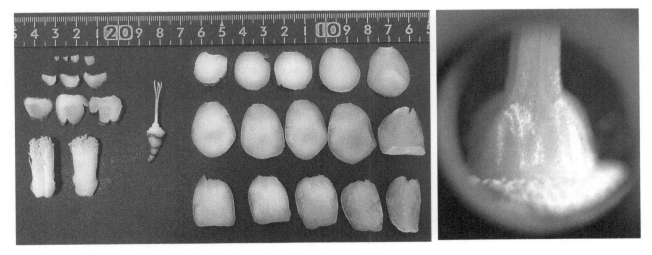

| 1 | 2 |

图 3-153　黄花茶单花解剖图示及子房显微图片（×100 倍）
1-单花解剖图示；2-子房有棱，密被灰白色短茸毛

5. 箱田金花茶 *Camellia hakodae* Ninh

多年生常绿灌木，高 3.0～4.0m。树皮灰褐色。嫩枝圆柱形，棕绿色，光滑无毛；老枝橙棕色。叶芽绿色带棕色斑块，长扁球形，基部较宽，尖端锋利，欲展开时长 3.4～6.4cm，宽 0.6～0.7cm。叶互生。嫩叶初生时紫棕色或深紫棕色，随后渐变为棕绿色，光滑无毛，有光泽。成熟叶片厚革质，硕大，椭圆形至宽椭圆形或近长方形，长 15.6～37.3cm，宽 9.3～19.1cm，叶缘有稀疏细锯齿，排列规则，先端渐尖或钝尖，基部楔形或宽楔形，正面深绿色，背面浅绿色有较多黑色腺点，两面均光滑无毛；侧脉 13～17 对；主脉和侧脉在叶两面均很明显，在叶面凹陷，在叶背凸起；叶柄较长，1.1～2.4cm，光滑无毛。花金黄色，单生枝顶或叶腋，直径 6.0～8.0cm；花梗长约 1.4cm；苞片 4～6 枚，指甲状或鳞片状，长 1.0～4.0mm，宽 2.0～7.0mm，边缘和里面有灰白色短茸毛；萼片 4～5 枚，鳞片状，长 4.0～6.0mm，宽 7.0～12.0mm，边缘和里面有灰白色短茸毛；花瓣 16～18 枚，近圆形、近长方形或椭圆形，长 2.6～4.2cm，宽 1.8～2.3cm，里面有灰白色短茸毛；雄蕊多数，花丝长 2.5～3.3cm，外轮于基部至 1.4～2.1cm 处合生，内轮离生，被灰白色短茸毛；雌蕊光滑，花柱 4～5 条，长 3.2～4.5cm，离生；子房近球形，光滑无毛，4～5 室。蒴果近球形，成熟果皮褐绿色或红褐色，基部具紧贴的宿存萼片和苞片，直径 5.0～9.1cm，高 3.6～7.1cm，重 92.4～301.8g，果皮较厚，6.5～13.5mm。种子每室 3～4 粒，三角状球形，棕色，密被灰棕色长茸毛。

1	2
3	4

图 3-154　箱田金花茶枝叶形态特征
1-嫩枝；2-成熟枝；3-花枝；4-果枝

花期 12 月至翌年 1 月，果熟期 9 ~ 10 月。

该种是越南的一个特有种，分布于越南永福省，生长在海拔 150 ~ 500m 的常绿阔叶林中。

识别要点：该种成熟叶片硕大，椭圆形至宽椭圆形或近长方形，长 15.6 ~ 37.3cm，宽 9.3 ~ 19.1cm；花金黄色，花朵较大，花瓣较多，有 16 ~ 18 枚；蒴果较大，果皮较厚，种子密被灰棕色长茸毛。

图 3-155　箱田金花茶单花开放进程

 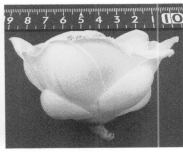 

| 1 | 2 | 3 |

图 3-156　箱田金花茶的花朵
1-正面；2-侧面；3-背面

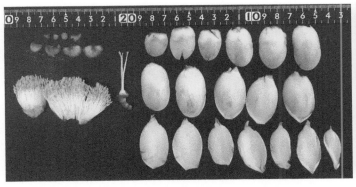 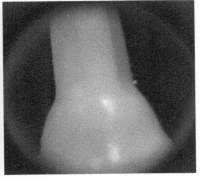

| 1 | 2 |

图 3-157　箱田金花茶单花解剖图示及子房显微图片（×100 倍）
1-单花解剖图示；2-子房近球形，光滑无毛

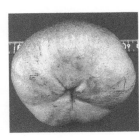 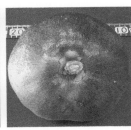  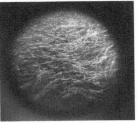

| 1 | 2 | 3 | 4 |

图 3-158　箱田金花茶的果实和种子形态特征
1-果实正面；2-果实背面；3-种子棕色；4-种子显微图片示其密被灰棕色长茸毛（×100 倍）

6. 多毛金花茶 *Camellia hirsuta* Hakoda et Ninh

多年生中等或大型常绿灌木，高 4.0～5.0m。树皮棕褐色。嫩枝圆柱形，紫红色，被浓密短茸毛；老枝棕色，被浓密长茸毛。膨大叶芽近锥形或纺锤形，绿色，欲展开时长 4.4～7.0cm，宽 0.9～1.3cm。叶互生。嫩叶紫棕色。老叶革质，长椭圆形，长 16.0～17.5cm，宽 4.7～5.5cm，边缘有稀疏锯齿，先端尾尖，基部楔形或者浅心形，叶面深绿色，叶背淡黄色至绿色且有毛；侧脉 10～13 对；主脉和侧脉在叶两面均很明显，在叶面凹陷，在叶背凸起，主脉上被浓密长茸毛；叶柄长 0.4～0.8cm，被浓密长茸毛。花蕾紫红色。花淡黄色，无蜡质光泽，单生枝顶或叶腋，直径 3.0～5.5cm，单花鲜重 3.9～4.9g；花梗长约 0.3cm，或近无梗；苞片 5～8 枚，指甲状或卵形，边缘和外面被短茸毛；萼片 5～8 枚，近圆形或宽卵形，绿色，两面均被短茸毛；花瓣 11～13 枚，外轮花瓣近圆形，内轮花瓣卵形或长椭圆形，花瓣边缘及两面均被短茸毛；雄蕊多数，花丝长 2.0～3.0cm，有密集短茸毛，外轮基部与花瓣合生，内轮离生；花柱 3 条，长 2.9～3.5cm，有稀疏短茸毛，离生；子房上位，近球形，直径约 3.0mm，密被灰白色茸毛，3 室。蒴果三角状球形或扁球形，成熟果皮红色带绿色，有稀疏灰白色短茸毛，基部具紧贴的宿存萼片和苞片，直径 2.5～6.2cm，高 2.0～2.8cm，重 25.1～46.3g，果皮较厚，约 5.0mm，成熟干燥后 3 瓣裂开。种子每室 1～3 粒，近球形、半球形或三角状球形，黑褐色，密被棕色短茸毛。

花期 12 月至翌年 1 月，果熟期 10～11 月。

该种是越南的一个特有种，分布于越南永福省、太原省，生长在海拔 150～300m 的小溪边的常绿阔叶林中。

1	2	3
	4	5

图 3-159　多毛金花茶的植株及枝叶形态特征
1-植株；2、3-嫩枝、成熟枝及叶柄密被茸毛；4-花枝；5-果枝

识别要点：该种老枝、主脉及叶柄均被浓密长茸毛，嫩枝、苞片、萼片、花瓣、花丝和雌蕊均被短茸毛，果皮上有稀疏灰白色短茸毛，种子密被棕色短茸毛。

图3-160　多毛金花茶单花开放进程

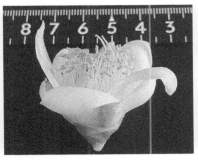

| 1 | 2 | 3 |

图3-161　多毛金花茶的花朵
1-正面；2-侧面；3-背面

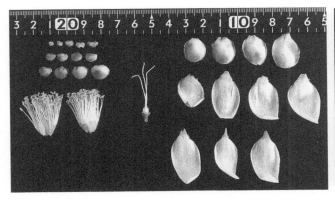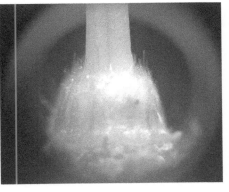

| 1 | 2 |

图3-162　多毛金花茶单花解剖图示及子房显微图片（×100倍）
1-单花解剖图示；2-子房近球形，密被灰白色茸毛

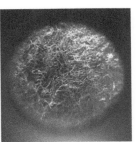

| 1 | 2 | 3 | 4 |

图3-163　多毛金花茶的果实和种子形态特征
1-果实正面，有稀疏灰白色短茸毛；2-果实背面，有稀疏灰白色短茸毛；3-种子黑褐色；
4-种子显微图片示其密被棕色短茸毛（×100倍）

7. 右陇金花茶 *Camellia huulungensis* Rosmann et Ninh

多年生常绿灌木，高约 2.0m，树形直立，树枝分枝发达。树皮浅灰色，条纹不规则分布。嫩枝圆柱形，灰紫色，有光泽，光滑无毛；老枝乳白色。叶芽深绿色，长扁球形，基部较宽，尖端锋利，欲展开时长 3.0～4.4cm，宽 0.4～0.6cm。叶互生。嫩叶初生时灰紫色，随后渐变为淡绿色，有光泽。成熟叶片革质，椭圆形，长 9.5～16.2cm，宽 4.2～7.3cm，叶缘有细锯齿，呈轻微波浪状，先端尾尖，基部楔形、宽楔形或近圆形，正面深绿色，背面浅绿色有黑色腺点，两面均光滑无毛；侧脉 7～13 对；主脉和侧脉在叶两面均很明显，在叶面凹陷，在叶背凸起；叶柄长 0.6～1.6cm。花蕾圆球形。花黄色，单生枝顶或叶腋，直径 2.6～3.9cm；花梗长 0.5～0.6cm；苞片 4～7 枚，半圆形至宽卵形，绿色，里面有灰白色短茸毛；萼片 5～6 枚，半圆形至近圆形，黄绿色，光滑无毛；花瓣 11 枚，里面有灰白色短茸毛，脉纹不明显，呈两轮排列，外轮花瓣近圆形，内轮花瓣近卵形往外翻折，大小不一，长 1.2～2.5cm，宽 1.2～1.6cm；雄蕊多数，花丝黄色，长 1.2～1.7cm，外轮基部肥大与花瓣合生，内轮离生；花柱 3 条，长 2.6～3.5cm，较花丝长很多，呈蜿蜒状，黄色，光滑，完全离生；柱头不明显，与花柱同色；子房上位，扁球形，淡黄色，光滑无毛，3 室。蒴果三角状扁球形，成熟果皮浅绿色或带红褐色，光滑无毛，顶端微凹陷，基部具紧贴的宿存萼片和苞片，直径 3.2～5.2cm，高 2.9～3.4cm，重 21.5～73.0g，果皮较薄，厚 1.6～3.5mm。种子每室 1～3 粒，近球形、半球形或三角状球形，黄棕色，光滑无毛。

1	2	3
4	5	6

图 3-164　右陇金花茶植株及枝叶形态特征
1-植株；2-植株抽新梢；3-嫩枝及嫩叶灰紫色；4-成熟枝；5-花枝；6-果枝

花期12月至翌年1月，果熟期7～8月。

该种是越南的一个特有种，分布于越南谅山省。

识别要点：该种嫩枝嫩叶颜色为灰紫色；花柱比花丝长很多，呈蜿蜒状；蒴果三角状扁球形，果熟期7～8月。

图3-165　右陇金花茶单花开放进程

1	2	3

图3-166　右陇金花茶的花朵
1-正面；2-背面；3-长长的花柱

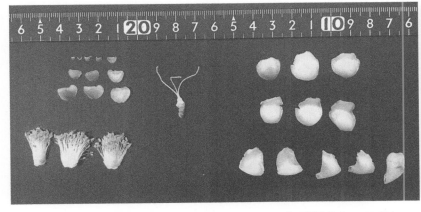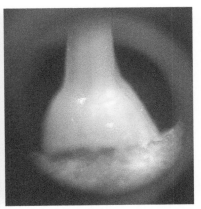

1	2

图3-167　右陇金花茶单花解剖图示及子房显微图片（×100倍）
1-单花解剖图示；2-子房扁球形，光滑无毛

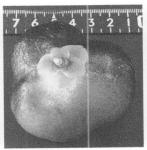

1	2	3

图3-168　右陇金花茶的果实和种子形态特征
1-果实正面；2-果实背面；
3-种子黄棕色，光滑无毛

8. 红顶金花茶 *Camellia insularis* Orel et Curry

多年生中等或大型常绿灌木，高约5.0m，自然分枝。树皮黑褐色，近平滑或微纵裂。嫩枝光滑，先是紫红色，然后渐变为浅棕色；老枝红棕色，光滑，有光泽。叶芽粗壮，圆胖，先端尖锐，芽鳞片明显，浅绿色带紫红色，欲展开时长4.5～5.0cm，宽0.5～0.7cm。叶互生。初生嫩叶椭圆形，呈轻微波浪状，紫红色。成熟叶片革质，椭圆形或卵形，长9.2～16.1cm，宽3.3～7.2cm，叶缘有明显不规则锯齿，先端渐尖，基部钝圆至圆形，正面光滑，深绿色，有光泽，背面浅绿色有黑色腺点；侧脉浅显，6～10对；主脉和侧脉在叶面凹陷，在叶背凸起，网脉发达明显；叶柄长0.9～1.2cm。花蕾球形至椭球形。花金黄色，单生，少数2～3朵簇生枝顶或叶腋，直径3.2～5.1cm；花梗较短且粗壮；苞片与萼片区别不明显，呈过渡状排列；苞片5～8枚，长4.0～6.0mm，宽6.0～8.0mm，紧紧排列至外轮萼片，基本重叠，呈不对称的新月形，先端有轻微凹陷，绿色带紫红色斑块；萼片5～8枚，相对较大，新月形至圆形，长6.0～9.0mm，宽8.0～9.0mm，先端有轻微凹陷，绿色带紫红色斑块，里面被灰白色短茸毛；花瓣9～14枚，椭圆形至倒卵形，基部重叠；雄蕊多数，花丝亮黄色，光滑，长1.5～2.5cm，外轮基部与花瓣合生，内轮离生；花药长方形，黄色；花柱3条，长2.0～2.6cm，浅黄色，光滑，离生；柱头不明显，与花柱同色；子房上位，近球形或圆柱形，直径3.0～3.6mm，淡黄色，光滑无毛，3室。不成熟蒴果浅绿色，成熟蒴果黄棕色有明显紫红色斑块或紫红色，光滑，不规则球形或扁球形，基部具紧贴的宿存萼片和苞片，直径3.8～5.6cm，高2.6～4.0cm，重27.9～54.6g，果皮较厚，5.6～7.8mm。种子每室1～4粒，近球形、半球形或三角状球形，棕色，光滑无毛。

1	2	3
	4	5

图3-169　红顶金花茶植株及枝叶形态特征
1-植株；2-嫩枝；3-成熟枝；4-花枝；5-果枝

花期 2～3 月，果熟期 10～11 月。

该种是越南的一个特有种，分布于越南广宁省。

识别要点：该种花梗较短且粗壮；苞片、萼片均较大，绿色带紫红色斑块，里面被灰白色短茸毛，先端有轻微凹陷。

图 3-170　红顶金花茶单花开放进程

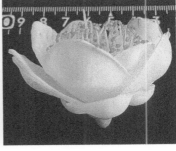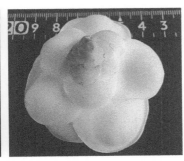

| 1 | 2 | 3 |

图 3-171　红顶金花茶的花朵
1-正面；2-侧面；3-背面

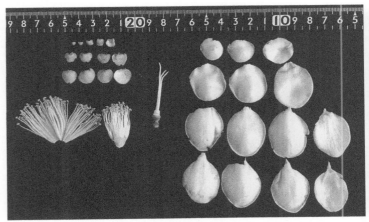

| 1 | 2 |

图 3-172　红顶金花茶单花解剖图示及子房显微图片（×20 倍）
1-单花解剖图示；2-子房圆柱形，光滑无毛

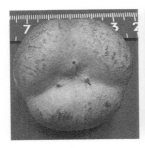

| 1 | 2 | 3 |

图 3-173　红顶金花茶的
果实和种子形态特征
1-果实正面；2-果实背面；
3-种子棕色，光滑无毛

9. 越南小花金花茶 *Camellia minima* Orel et Curry

多年生常绿灌木，高 2.0 ～ 3.0m，树形直立，树枝分枝发达。树皮微纵裂，多为深灰色至褐色，条纹不规则分布。嫩枝圆柱形，浅棕色至红棕色，被灰白色短茸毛；老枝棕色至红棕色，条纹明显。叶芽基部较宽，尖端锋利，浅绿至中等绿色。叶互生。嫩叶初生时紫红色，随后渐变为淡绿色。成熟叶片革质，椭圆形至宽椭圆形，长 7.5 ～ 14.4cm，宽 4.3 ～ 7.8cm，叶缘有规则浅而锋利的锯齿，呈轻微波浪状，顶部锯齿很小或无，先端尾状渐尖，基部楔形或宽楔形，正面深绿色，背面浅绿色有黑色腺点；侧脉 8 ～ 12 对；主脉和侧脉在叶两面均很明显，在叶面凹陷，在叶背凸起；叶柄和叶背主脉均被灰白色短茸毛，叶柄长 0.5 ～ 1.0cm。花蕾先为圆球形，后长成椭球形或倒卵状球形。花黄色，有蜡质光泽，单生或数朵（多为 2 ～ 3 朵）簇生叶腋，直径 2.0 ～ 2.6cm；花梗粗壮，极短或近于无；苞片与萼片 4 轮或 5 轮共 8 枚或 10 枚，覆瓦状排列，里面密被灰白色短茸毛，黄绿色，指甲状或盾牌状，大小不一；花瓣 6 ～ 8 枚，长 1.1 ～ 1.8cm，宽 0.9 ～ 1.4cm，脉纹不明显，呈两轮排列，外轮花瓣 3 枚，似萼片状，里面有灰白色短茸毛，内轮花瓣 3 ～ 5 枚，往外翻折；雄蕊多数，花丝黄色，光滑，长 1.3 ～ 1.7cm，外轮基部肥大合生，内轮离生；花柱 3 条，长 1.0 ～ 1.6cm，淡黄色，光滑，基部往上至约 0.2cm 处合生，以上离生；柱头不明显，与花柱同色；子房上位，近球形，直径 1.0 ～ 2.0mm，淡黄色，上部被灰白色短茸毛，3 室。蒴果三角状扁球形，成熟果皮浅绿色或带红褐色，光滑无毛，顶端微凹陷，基部具紧贴的宿存萼片和苞片，直径 3.1 ～ 4.2cm，高 2.3 ～ 2.9cm，重 6.8 ～ 18.6g，果皮较薄，厚 1.5 ～ 2.7mm。种子每室 1 ～ 2 粒，近球形或半球形，黑色或黑褐色，被棕色短茸毛。

1	2	3
4	5	6

图 3-174　越南小花金花茶植株及枝叶形态特征
1-植株；2-嫩梢；3、4-嫩枝及叶背主脉上被灰白色短茸毛；5-花枝；6-果枝

花期11～12月，果熟期9～10月。

该种是越南的一个特有种，分布于越南富寿省。

识别要点：该种花多且小，老枝上有明显条纹，嫩枝、叶柄、叶背主脉、外轮花瓣里面及子房上部均被灰白色短茸毛。

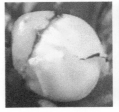

图3-175　越南小花金花茶单花开放进程

1 | 2

图3-176　越南小花金花茶的花朵
1-正面；2-背面

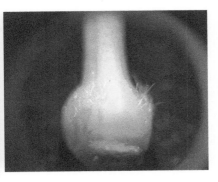

1 | 2

图3-177　越南小花金花茶单花解剖图示及子房显微图片（×100倍）
1-单花解剖图示；2-子房近球形，上部被灰白色短茸毛

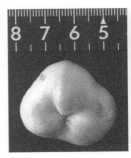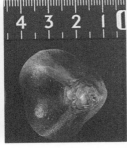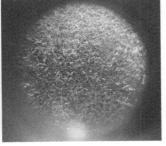

1 | 2 | 3 | 4

图3-178　越南小花金花茶的果实和种子形态特征
1-果实正面；2-果实背面；3-种子黑褐色；4-种子显微图片示其被棕色短茸毛（×100倍）

10. 黄抱茎金花茶 *Camellia murauchii* Ninh et Hakoda

多年生常绿灌木，高 2.0～3.0m。树皮灰棕色。嫩枝圆柱形，棕绿色，光滑无毛；老枝浅棕色。膨大叶芽近纺锤形，深绿色，欲展开时长 3.6～5.0cm，宽 0.4～0.7cm。叶互生。嫩叶紫红色。成熟叶片厚革质，宽椭圆形或近长方形，长 19.8～26.0cm，宽 7.2～11.3cm，叶缘有锋利锯齿，先端急尖，基部呈耳状抱茎，正面亮深绿色，背面浅绿色有黑色腺点，两面均光滑无毛；侧脉 13～14 对；主脉和侧脉在叶两面均很明显，在叶面凹陷，在叶背凸起，网脉在叶面明显；叶柄长 0.9～1.9cm，光滑无毛。花蕾黄绿色。花金黄色，蜡质光泽少，通常簇生枝顶或叶腋，花量较多，直径 4.9～7.1cm，单花鲜重 7.2～11.0g；花梗长 0.6～1.1cm；苞片 5～8 枚，绿色，长 2.1～3.2mm，宽 5.2～7.1mm，边缘被灰白色短茸毛；萼片 5～7 枚，黄绿色有红色斑块，指甲状或近圆形，长 3.0～7.0mm，宽 8.1～10.0mm，里面与边缘被灰白色短茸毛；花瓣 14～17 枚，形状多样，近圆形、宽椭圆形或椭圆形，最外轮花瓣较短，有茸毛，内轮花瓣较大且光滑无毛，有褶皱条纹，最里面一轮花瓣较小有褶皱条纹；雄蕊多数，花丝长 2.6～3.3cm，光滑，基部与花瓣合生；花柱 3～4 条，光滑无毛，完全离生；子房上位，扁球形，有棱，直径 3.1～4.2mm，光滑无毛，3～4 室。蒴果近球形，成熟果皮绿色带棕色斑块，表面瘤状，基部具紧贴的宿存萼片和苞片，直径 4.0～5.5cm，高 3.3～5.1cm，重 45.2～82.3g，果皮厚约 3.3mm，成熟后 3～4 瓣裂开。种子每室 1～4 粒，近球形、半球形或三角状球形，棕色，被浅棕色短茸毛。

花期 12 月至翌年 1 月，果熟期 10～11 月。

该种是越南的一个特有种，分布于越南谅山省、永福省，生长在海拔约 250m 高的常绿阔叶林中。

识别要点：该种叶片多为近长方形，先端急尖，基部呈耳状抱茎；花金黄色，花量较多；果实表面瘤状。

| 1 | 2 | 3 |
| 4 | 5 | |

图 3-179　黄抱茎金花茶植株及枝叶形态特征
1-植株；2-嫩枝；3-成熟枝，叶基部呈耳状抱茎；4-花枝；5-果枝

图 3-180　黄抱茎金花茶单花开放进程

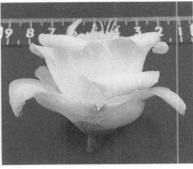

图 3-181　黄抱茎金花茶的花朵

1—正面；2—侧面；3—背面

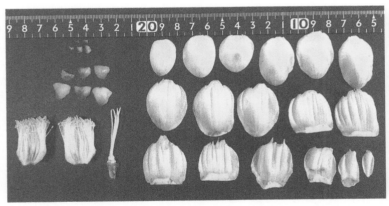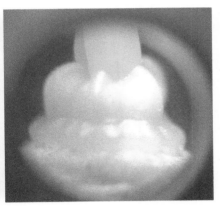

图 3-182　黄抱茎金花茶单花解剖图示及子房显微图片（×100 倍）

1—单花解剖图示；2—子房扁球形，有棱，光滑无毛

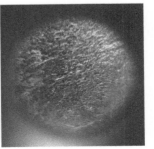

图 3-183　黄抱茎金花茶的果实和种子形态特征

1、2—果实正面和背面，表面瘤状；3—种子棕色；4—种子显微图片示其被棕色短茸毛（×100 倍）

11. 越南多瓣金花茶 *Camellia petelotii* (Merr.) Sealy

多年生常绿灌木或小乔木，高 3.0 ～ 5.0m。树皮棕色。嫩枝圆柱形，紫红色，光滑；老枝浅棕色。膨大叶芽近锥形或纺锤形，绿色。叶互生。嫩叶紫红色。成熟叶片革质，椭圆形或长椭圆形，长 12.2 ～ 17.8 cm，宽 5.5 ～ 6.9cm，叶缘有稀疏浅锯齿，先端锐尖，基部楔形，正面深绿色，背面浅绿色有浅棕色小腺点，两面均光滑无毛；侧脉 6 ～ 12 对，在叶面凹陷，在叶背凸起，网脉在叶面明显；叶柄长 1.1 ～ 2.0cm。花蕾黄绿色。花黄色，无蜡质光泽，单生或 2 ～ 3 朵簇生叶腋，直径 2.8 ～ 4.7cm，单花鲜重约 4.6g；花梗长约 1.0cm；苞片 8 ～ 10 枚，鳞片状或宽卵形，边缘和里面有茸毛；萼片 5 ～ 7 枚，近圆形或宽卵形，绿色，边缘和里面有茸毛；花瓣 13 ～ 14 枚，最外轮花瓣近圆形，有紫红色斑块，内轮花瓣卵形或长椭圆形，花瓣两面均被灰白色短茸毛；雄蕊多数，花丝中下部被灰白色短茸毛，长约 1.7cm，外轮基部与花瓣合生，内轮离生；花柱 3 ～ 4 条，光滑，长于花丝，深裂，基部合生；子房上位，近球形，直径约 3.8mm，光滑无毛，3 ～ 4 室。蒴果扁球形，基部具紧贴的宿存萼片和苞片，直径 4.0 ～ 5.0cm，高 2.8 ～ 3.2cm，成熟后 3 ～ 4 瓣裂开。种子每室 1 ～ 3 粒，球形、半球形或三角状球形，黑褐色，密被茸毛。

花期 12 月至翌年 2 月。

该种是越南的一个特有种，分布于越南永福省，生长在海拔 950 ～ 1100m 的常绿阔叶林中。

识别要点：该种叶片先端锐尖，叶柄较长；最外轮花瓣有紫红色斑块，花瓣两面、花丝中下部均有灰白色短茸毛。

1	2

图 3-184　越南多瓣金花茶枝叶形态特征
1-成熟枝；2-花枝

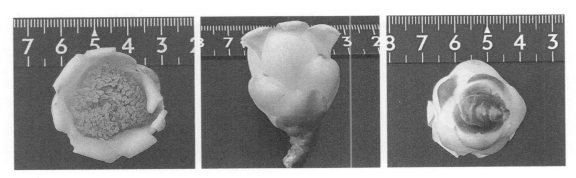

图 3-185 越南多瓣金花茶的花朵
1-正面；2-侧面；3-背面

1 | 2 | 3

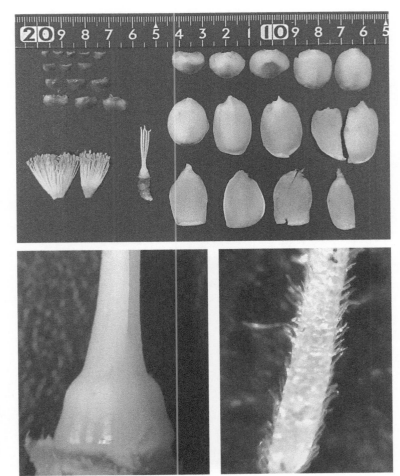

1

2 | 3

图 3-186 越南多瓣金花茶单花
解剖图示及子房、花丝显微图片
1-单花解剖图示；2-子房近球形，
光滑无毛（×20 倍）；3-花丝中
下部被灰白色短茸毛（×100 倍）

12. 潘氏金花茶 *Camellia phanii* Hakoda et Ninh

常绿小乔木，高 4.0～5.0m。树皮褐色，平滑或微纵裂。嫩枝红棕色，光滑无毛；老枝灰白色，光滑无毛。顶芽绿色，长扁球形。叶互生。嫩叶初生时红棕色，随后渐变为棕绿色，光滑无毛。成熟叶片革质，光滑无毛，长椭圆形或卵状椭圆形，长 10.9～18.5cm，宽 4.8～8.8cm，叶缘有不规则大锯齿，先端渐尖，基部楔形或宽楔形，正面深绿色，背面浅绿色有较多黑色腺点；侧脉 5～10 对，在叶面凹陷，在叶背凸起，网脉在叶面明显；叶柄长 1.0～1.2cm。花黄色，单生或 2 朵簇生枝顶或叶腋，直径 4.0～6.4cm；花梗长 1.0～1.5cm；苞片 3～5 枚，指甲状，长 2.1～6.3mm，宽 1.1～4.2mm，边缘有灰白色短茸毛；萼片 4～6 枚，鳞片状至近圆形，长 10.2～11.5mm，宽约 7.0mm，里面被灰白色短茸毛；花瓣 12～17 枚，宽卵形或椭圆形，长 2.9～3.9cm，宽 1.8～2.4cm，两面均被短茸毛，与雄蕊基部合生；雄蕊多数，花丝黄色，长 2.1～4.2cm，外轮从基部往上约 2.0cm 处合生，内轮离生，被稀疏短茸毛；花柱 3～4 条，长约 2.5cm，黄色，光滑无毛，离生；柱头不明显，与花柱同色；子房上位近球形，黄色，光滑无毛，3～4 室。蒴果近球形，成熟时果皮褐绿色或红褐色，果脐凸起，顶端微凹陷，基部具紧贴的宿存萼片和苞片，直径 5.0～7.2cm，高 3.5～6.8cm，重 89.9～167.1g，果皮较厚,8.5～12.5mm。种子每室 3～4 粒，三角状球形，棕色，被棕色短茸毛。

花期 12 月至翌年 1 月，果熟期 10～11 月。

1	2
3	4

图 3-187　潘氏金花茶枝叶形态特征

1-新梢；2-成熟枝；3-花枝；4-果枝

该种为越南的一个特有种，分布于越南永福省、太原省，生长在海拔 150 ～ 300m 的小溪边的常绿阔叶林中。

识别要点：该种叶片长椭圆形或卵状椭圆形，基部楔形或宽楔形；苞片、萼片和花瓣均被短茸毛；蒴果较大，果脐凸起，顶端微凹陷，种子被棕色短茸毛。

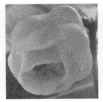

图 3-188　潘氏金花茶单花开放进程

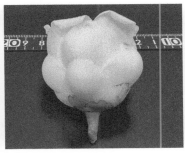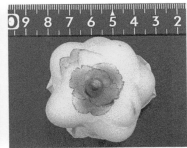

图 3-189　潘氏金花茶的花朵
1－正面；2－侧面；3－背面

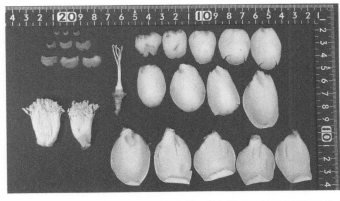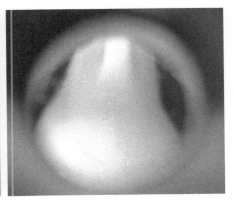

图 3-190　潘氏金花茶单花解剖图示及子房显微图片（×100 倍）
1－单花解剖图示；2－子房光滑，近球形

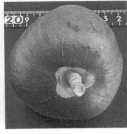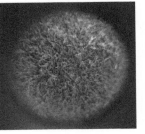

图 3-191　潘氏金花茶的果实和种子形态特征
1－果实正面；2－果实背面；3－种子棕色；4－种子显微图片示其密被棕色短茸毛（×100 倍）

多年生常绿灌木。树皮灰褐色，分布有不规则条纹。嫩枝圆柱形，紫红色；老枝黄棕色。叶芽嫩绿色，长扁球形，欲展开时长 2.6 ～ 4.2cm，宽 0.3 ～ 0.6cm。叶互生。嫩叶初生时紫红色，随后渐变为黄绿色，光滑无毛。成熟叶片革质，长椭圆形或宽椭圆形，长 13.3 ～ 20.7cm，宽 3.2 ～ 7.1cm，叶缘有浅锯齿，锯齿规则地朝向叶尖，先端渐尖或锐尖，基部宽楔形或近圆形，正面亮深绿色，背面浅绿色有黑色腺点，两面均光滑无毛；侧脉 7 ～ 9 对；主脉和侧脉明显，在叶面凹陷，在叶背凸起；叶柄长 0.6 ～ 1.2cm。花蕾黄绿色。花黄色，无蜡质光泽，单生叶腋，直径 2.4 ～ 4.1cm，单花鲜重 1.3 ～ 2.6g；花梗长 0.5 ～ 0.9cm；苞片 5 ～ 6 枚，绿色；萼片 5 ～ 7 枚，指甲状或近圆形，绿色；花瓣 11 ～ 14 枚，近圆形或椭圆形，最外轮花瓣较小，仅里面被灰白色短茸毛，内轮花瓣较大，两面均被灰白色短茸毛，最里面一轮花瓣合生；雄蕊多数，花丝长 1.2 ～ 1.4cm，光滑，花丝与最里面一轮花瓣基部合生；花柱 3 ～ 4 条，光滑无毛，完全离生；子房上位，近球形，直径 3.0 ～ 4.0mm，光滑无毛，3 ～ 4 室。蒴果扁球形，成熟果皮多为红褐色，基部具紧贴的宿存萼片和苞片，直径 4.0 ～ 5.1cm，高 2.4 ～ 3.5cm，重 21.9 ～ 53.8g，果皮厚 3.8 ～ 4.6mm，成熟后 3 ～ 4 瓣裂开。种子每室 1 ～ 2 粒，近球形、扁球形或半球形，褐色，被棕色短茸毛。

花期 12 月至翌年 2 月，果熟期 9 ～ 10 月。

该种是越南的一个特有种，分布于越南永福省，生长在海拔 300 ～ 500m 的潮湿山谷的常绿阔叶林中。

识别要点：该种最外轮花瓣较小，仅里面被灰白色短茸毛，内轮花瓣较大，两面均被灰白色短茸毛；成熟蒴果扁球形，红褐色，种子被棕色短茸毛。

图 3-192　三岛金花茶植株及枝叶形态特征
1-植株；2-成熟枝上抽生新芽；
3-嫩枝；4-花枝；5-果枝

图3-193　三岛金花茶单花开放进程

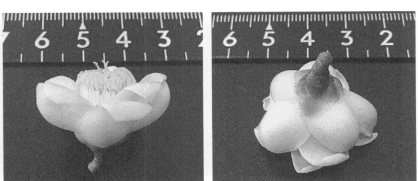

| 1 | 2 | 3 |

图3-194　三岛金花茶的花朵
1-正面；2-侧面；3-背面

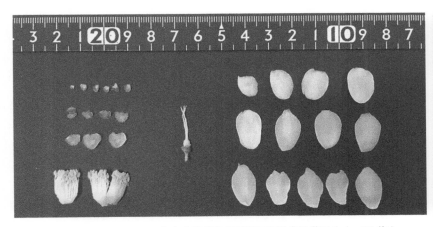

| 1 | 2 |

图3-195　三岛金花茶单花解剖图示及子房显微图片（×20倍）
1-单花解剖图示；2-子房近球形，光滑无毛

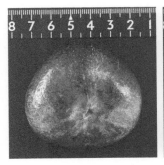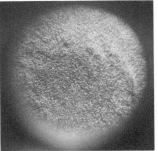

| 1 | 2 | 3 | 4 |

图3-196　三岛金花茶的果实和种子形态特征
1-果实正面；2-果实背面；3-种子褐色；4-种子显微图片示其被棕色短茸毛（×100倍）

第四章 金花茶栽培繁殖技术

山茶科植物在培育上大多需要比较精细的养护管理，金花茶也不例外。良好的水肥管理可以让金花茶长势健壮，开出金灿灿的花朵，同时利于扩繁。本章先从种植土的选择、种植时间、种植苗木的选择、定植和种植后养护等方面介绍金花茶的栽培养护技术，然后从繁殖方式的分类即有性繁殖、无性繁殖两个方面来阐述金花茶各种不同繁殖方法的技术要点。

一、金花茶栽培养护技术

金花茶的种植方法是金花茶栽培养护技术的重要组成部分，也是决定金花茶苗木成活率和长势的关键，以下从种植的各个环节详细介绍金花茶苗木的种植方法。

（一）种植土的选择

一般情况下，种植土以疏松、透气、微酸性（pH值5.5～6.5）的红壤、黄壤为宜。如有条件，也可以加入一定比例的椰糠、泥炭土等基质，以提高种植土的肥力和通透性，满足植株根系健康生长所需的各项条件。

（二）种植时间

以2～3月或11～12月种植为宜。如果选择其他时间种植，最好是选用容器苗。

图4-1　用于种植金花茶的红黄壤

（三）种植苗木的选择

以无虫、无病、无枯枝、枝叶繁密健壮的植株为宜，若条件允许最好选用容器苗如袋苗，种植后树苗恢复快，易管理。

（四）定植

种植坑的宽度应为植株土球直径的 1.3 ～ 1.5 倍，深度应约为土球高度的 1.2 倍。种植时，根据植株土球高度、树坑深度情况，底部回填适量的种植土后，放入树苗，扶正，然后往坑缝里回填种植土，边回填，边夯实，最后用种植土筑成圆形的树盆。树苗种好后，及时淋定根水。

图 4-2　金花茶袋苗

图 4-3　种植在乔木林下的金花茶苗木，根部已用种植土筑成圆形的树盆

（五）种植后养护

1. 淋水

新种的植株，根据天气情况 2～3 天淋一次水。2～3 个月后，植株树势恢复正常，可根据天气、土壤情况，按照"见干见湿"原则进行浇水。

2. 施肥

定植 2～3 个月后，待树势恢复，就可以开始施薄肥，以含有氮、磷、钾及少量微量元素的复混肥为宜。根据不同生长季及培育目标，合理确定大量元素的比例。一般情况下，抽梢期施含氮高的复混肥，花芽分化期、花蕾发育期施含磷高的复混肥，开花期一般不施肥。

3. 遮阴

金花茶属喜阴植物，全光照情况下叶子会发黄，严重时灼伤叶片，造成叶片局部坏死，进而引起掉叶或长势不良。经过对各金花茶物种的引种栽培观察，发现金花茶普遍对光照比较敏感，特别是大叶品种最不耐晒，如黄抱茎金花茶（*C. murauchii* Ninh et Hakoda）、箱田金花茶（*C. hakodae* Ninh）等。因此，种植后要及时搭好遮阴设施，遮阴度在 70%～80%，避免强光照对金花茶的生长产生不利影响。为了达到遮阴效果可以搭建遮阴棚，棚高要求在 3m 以上，也可以先种植上层乔木，如降香黄檀、枳椇、松树等，待上层乔木形成合适的郁闭度后，再在林下种植金花茶，若在风量较大或地势陡峭的地区，上层乔木最好选择深根系的树种。

二、金花茶繁殖技术

金花茶的繁殖技术主要分为有性繁殖和无性繁殖两大类。有性繁殖主要指通过播种育苗进行繁殖的方法。无性繁殖主要是指利用金花茶的枝叶等营养器官，通过扦插、嫁接、组织培养等方法进行扩繁。无性繁殖具有保持母本的遗传特性、可促进提早开花结果、所需植物原材料少、繁殖效率高等优点，是进行金花茶繁殖的主要方法。

（一）有性繁殖（种子繁殖）

金花茶物种果实成熟后，及时进行采摘。南宁地区气候条件适宜，无需沙藏或冷藏，可随采随播。种子播种前用 0.5% 高锰酸钾溶液或 25% 多菌灵可湿性粉剂 500 倍稀释液浸泡 20 分钟，洗净后播种于沙池中，上面覆盖沙层的厚度为 2～3cm，并适当浇水，以浇透而不渗水为宜。沙池需用塑料薄膜覆盖保湿且遮阴避光，所用遮阴网的遮阴度为 70% 左右。期间若有需要则适当浇水。

金花茶物种一般播种 50 天左右种子即陆续发芽，幼苗出土后 2 个月嫩茎木质化，采用上述播种方法，种子发芽率在 95% 左右。若金花茶物种的种子粒径大，子叶也较大，则可为种子萌发提供充足的养分，播种后所需发芽时间较短，长势较快。根据具体情况，可以在沙池播种催芽后即上袋，也可以选择在翌年春季小苗半木质化之后上袋。

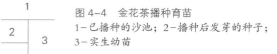

图 4-4　金花茶播种育苗
1-已播种的沙池；2-播种后发芽的种子；
3-实生幼苗

（二）无性繁殖

1.扦插育苗

（1）插床准备

扦插基质选择未使用过的新鲜纯黄壤和河沙的混合基质（体积比为 3 : 1），以质地疏松透气不易板结为最佳。苗床扦插的基质厚度为 10 ~ 12cm，表面平整，同样需用塑料薄膜覆盖保湿且遮阴避光。

（2）插条准备

每年 9 月采集金花茶植株当年生的半木质化且健壮无病虫害的枝条，剪成长度合适的插穗，一般一叶一芽为一个插条，若繁殖材料充足也可将插条适当留长，留全叶，基部剪口可为平面也可为马蹄形。插条速蘸 IBA500mg/L＋NAA500mg/L 的生根液后，扦插于插床上，插条基部的基质要按压紧实，然后用出水较细的洒壶浇水，慢慢浇透且以不渗水为宜。

（3）扦插后管理

扦插后要注意查看扦插基质的水分，若缺水要及时补水，以喷洒补水为宜，以免浇水过量。

（4）炼苗

插穗生根并开始抽梢后，可逐步打开密封薄膜并适当控水促进根系生长，新叶长出并正常生长后可完全去除薄膜，然后选择合适的时间移栽上袋。

（5）扦插效果

金花茶喜弱酸性疏松透气土壤，采用黄壤和河沙的混合物作为扦插基质极利于金花茶插条生根。扦插 20 天后，插穗基部开始长出愈伤组织并分化出生根点，60 天后基本可生根，生根成苗率可达 90% 以上。

1	2
3	4

图 4-5　金花茶扦插过程和生根情况
1-扦插好的插条；2-剪口长出愈伤组织；3-插条生根长势良好；4-发达健壮的根系

2. 嫁接育苗

金花茶的嫁接方法主要有嫩枝嫁接、剥皮嫁接、劈砧嫁接、芽苗砧接、覆膜快接等，其中劈砧嫁接和覆膜快接在金花茶扩繁方面使用较广，效果较好，且效率高。

（1）劈砧嫁接

①砧木的准备。选用油茶（*C. oleifera* Abel）或速生的金花茶做砧木，尽量选取长势健壮无病虫害的植株。计划选作砧木的植株要提早进行水肥管理，使其长势旺盛，利于嫁接成活。

②接穗的准备。在南宁，金花茶嫁接时间以每年 8 ～ 11 月为宜，清晨时选取金花茶植株当年生健壮无病虫害的半木质化新梢，叶芽要饱满，采集后置于盛有少量水的容器中保湿备用。一般一叶一芽为一个接穗，在接穗叶柄的两侧各削一刀，削口长约 1cm，使削口呈楔形，留半叶，接穗必须一边嫁接一边削制。

③嫁接。将砧木用修枝剪在茎干或枝条的适当位置进行截断，将截面削平。视砧木的粗度确定劈口个数和劈开位置，对于直径约 2cm 的粗砧木或枝条，可以开两个劈口，分别在截面的左右两边约 1/3 处各劈一刀，深度约 2cm；对于直径小于 1cm 的砧木或枝条，用嫁接刀从切面正中垂直劈开，深度也是约 2cm。将削制好的接穗细心地插入砧木切口中，注意接穗的形成层要与砧木的形成层对齐并适当留白，这样可以促使接口快速形成愈伤组织，提高嫁接成活率。用嫁接膜将嫁接口绑扎固定，然后盖上锡箔纸，最后套上塑料袋，用塑料绳绑扎好塑料袋口以保湿。按同样的方法把砧木上需要嫁接的劈口全部接好。

④嫁接后的养护管理。将嫁接苗统一置于遮阴棚内（遮阴度为 70% 左右）进行养护，一般 30 天后接穗可抽出嫩梢，当嫩梢顶住塑料袋时可将塑料袋拆除。待嫁接口完全愈合后，摘除锡箔纸和嫁接膜。在整个养护期间都要及时摘除砧木萌蘖，否则将影响接穗生长。

⑤嫁接效果。劈砧嫁接成活率高且抽梢时间短，采用此方法进行金花茶的嫁接扩繁，成活率可高达 90% 以上。

1	2	
3	4	5
6	7	

图 4-6　金花茶劈砧嫁接过程和成活情况

1-用作接穗的枝条；2-削制好的接穗；3-处理好的砧木；4-绑扎嫁接口；5-套袋；6-愈合的嫁接口（红色箭头所指）；7-嫁接苗

（2）覆膜快接

①砧木的准备。有一定规格（地径在1cm以上）的健壮茶花植株均可用作砧木，一般选用油茶、速生的金花茶等做砧木。在树干上间隔合适的距离（一般约20cm），选择平滑部位作为嫁接口，若有枝叶可做剪切处理，进行多位点嫁接。

②接穗的准备。接穗的准备方法同劈砧嫁接。特别需要指出的是，在进行覆膜快接时带2个叶芽的接穗成活率高于1个叶芽的；要尽量选取叶芽充分膨大的枝条用作接穗，以缩短萌芽时间，提高嫁接成活率。

③嫁接。首先，用嫁接刀在确定好的嫁接部位，由上向下呈10°～20°夹角斜切下去，切口长度约2cm，再在切口上部横切一刀，如果砧木茎干太粗，可以用剥皮法进行切口。其次，将接穗沿砧木切口一侧插入，并与砧木干面平齐，确保形成层对齐，接穗削面上部留白。最后，用嫁接膜绑扎固定，具体操作方法如下：先将嫁接部位用嫁接膜固定，紧紧地缠绕几圈后，折反嫁接膜再缠绕几圈，接着展开嫁接膜，向上将接穗覆盖一层，然后将接穗叶片部分再缠绕1～2圈，最后再折反薄膜，在接穗上部覆盖几圈后拉紧，覆膜时要确保密封性，不要有缺口，以保证嫁接口愈合所需的湿度，且接穗的芽部只能覆盖一层薄膜。同一植株可视枝干情况嫁接几个部位。

④嫁接后养护管理。对覆膜嫁接苗进行常规的栽培养护，浇水时要尽量避开嫁接部位，不能让覆膜处进水。一般在嫁接30天后，接穗会萌芽，新芽自动顶破薄膜，开始生长；对于萌芽后仍不能自动顶破覆膜的接穗，要人工帮助挑开薄膜。同时，要及时抹除砧木上萌出的新芽。待接穗抽梢完毕后，从接穗口上部2～3cm处断砧，一株嫁接植株就成型了。对嫁接植株进行正常的水肥管理，继续抹除砧木上的萌蘖。

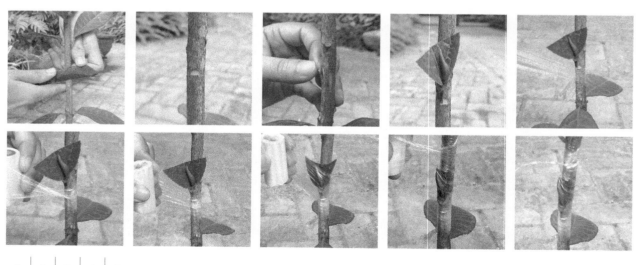

1	2	3	4	5
6	7	8	9	10

图4-7 金花茶覆膜快接的详细过程
1-斜切砧木；2-切口；3-切口深度；4-插入接穗，适当留白；5～10-绑扎固定接穗

图4-8　金花茶覆膜快接效果
1–人工挑开薄膜；2–愈合好的嫁接口

图4-9　砧木植株嫁接前后对比
1–准备嫁接的部位（箭头所指）；2–嫁接好的部位（箭头所指）；3–接穗抽生新稍（箭头所指）

3. 组培快繁

植物组织培养（简称"组培"）是一项实用性非常强的现代生物技术，也是植物基因工程实验的基础和关键技术之一，具有所需植株原材料少、不受生长季节限制、培养周期短、变异低、可保持母本的优良遗传特性等优点，为实现金花茶快速繁殖（简称"快繁"）提供了行之有效的方法。此处所介绍的金花茶组培快繁技术体系在目前相关研究报道中，技术相对成熟稳定，体系完善，应用效果良好，包括金花茶组培各阶段的关键配方，具体有器官发生途径的初代无菌苗获得和无菌芽增殖、壮苗、生根等配方，以及体胚发生途径的胚状体诱导、增殖和胚状体出苗诱导等配方。南宁市金花茶公园相关科研人员通过不断地试验筛选，获得了金花茶组培各阶段培养的最佳培养基配方。

（1）器官发生途径

①种子萌发诱导培养。采集成熟金花茶种子剥掉外果皮，培养前先用75%乙醇溶液表面消毒30～60秒，然后用5%～10%NaClO溶液消毒30分钟，最后在超净工作台上用无菌蒸馏水冲洗，直到洗净为止。将消毒完成的种子于中间切开，将带种胚部分放入种子萌发诱导培养基。种子萌发诱导培养基采用MS基本培养基，添加激素组合为6-BA 0.2mg/L+NAA 0.2mg/L，添加蔗糖3%、琼脂6.0g/L，pH值调整至5.8，对金花茶种胚进行萌发诱导。该诱导培养基对金花茶种胚的萌发诱导效果显著，经统计该配方的萌发诱导率在80%以上。不同激素浓度对种胚萌发、生长有较大的影响，较低的激素浓度更有利于种胚成苗，且6-BA和NAA配合使用效果更好。

②增殖培养。选取种胚诱导获得的无菌芽，单个切割下来，剪成带顶芽或腋芽的茎段，分别接种在继代增殖培养基上。继代增殖培养基采用改良MS培养基，添加激素组合为6-BA 1.0mg/L+KT1.0mg/L+IBA 1.5mg/L，添加蔗糖4%、琼脂6.0g/L，pH值调整至5.8，诱导无菌芽增殖。该继代增殖培养基的增殖效果良好，接种后，1个芽最多可增殖获得12个无菌芽，平均增殖系数为4.2。增殖系数随6-BA和KT浓度的升高而增大，但当6-BA和KT浓度分别达到5.0mg/L时，畸形苗率高，长势差。6-BA 1.0mg/L、KT 1.0mg/L与IBA 1.5mg/L配合使用，试管苗生长健壮，畸形苗率低，增殖系数较高，是诱导增殖的理想激素配比。

图 4-10　在种子萌发诱导培养基上，由金花茶种子胚芽部分诱导萌发生成的金花茶无菌苗

1	2

图 4-11　经过继代增殖培养获得的金花茶无菌芽丛
1-由带顶芽茎段增殖获得的无菌芽丛；2-由带腋芽茎段增殖获得的无菌芽丛

③壮苗培养。将增殖培养获得的不够健壮的无菌芽单个切下，接种至壮苗培养基中进行复壮培养，壮苗培养基采用改良 MS 培养基，添加激素组合为 6-BA 0.3mg/L+IBA 0.7mg/L，添加蔗糖 3%、琼脂 6.0g/L，pH 值调整至 5.8。合适浓度的6-BA 和 IBA 配合使用，能够有效促进金花茶无菌苗复壮，经过 1 个月的培养后，增殖获得的小芽在壮苗培养基中长势良好，叶片浓绿有光泽，可用于再次增殖培养或者直接用于生根。

④生根培养。对木本植物而言，其生根培养是组培再生体系中的重点和难点。为了解决金花茶组培苗生根培养难的问题，南宁市金花茶公园相关科研人员对瓶内生根和瓶外生根均进行了尝试，并获得了成功。在瓶内生根方面，试验采用了滤纸桥液体培养和琼脂固体培养，最终确定了瓶内生根的最优配方。同时，金花茶无菌苗瓶外生根试验也取得了不错的效果。

图 4-12　金花茶无菌芽在壮苗培养基中长势健壮

瓶内生根：选取健壮的高度为 4.0 ～ 6.0cm 的无菌芽进行生根培养，芽基部浸泡生根剂 IBA 500mg/L 溶液 5 分钟后，接种于 1/3MS 基本培养基中，添加蔗糖 15.0g/L、琼脂 7.0g/L，pH 值调整至 5.8，培养 45 天后，其生根率基本在 80% 以上。经 IBA 溶液浸泡处理后的无菌苗在琼脂固体培养基上生根良好，由于培养基内不含激素，因此无菌苗切口处不会徒长愈伤组织，且根系发达，须根较多。

不同生长素处理对金花茶无菌苗不定根发生影响的试验结果表明，IBA 处理的生根效果明显优于 NAA 和 IAA，其生根率高，根系旺盛，须根多，呈辐射状。在生产过程中，不同批次的无菌苗瓶内生根试验结果表明，生根培养除与生根处理剂有关外，与无菌苗本身的因素也有一定关系，不同继代次数的无菌苗经同样的生根剂处理后，其生根率会有差异，这可能与无菌苗的木质化程度、体内的激素积累等内部生理因素有关。针对不同继代苗的生长特性，要对生根剂和培养基进行适当的调整。

1 | 2

图 4-13　金花茶无菌苗在培养基中的生根情况
1-生根无菌苗长势良好；2-无菌苗发达的根系

瓶外生根：瓶外生根技术的关键是将组培苗生根阶段中的生根和驯化结合起来，省去组培苗瓶内生根的传统程序。该技术的应用不仅减少了一次无菌操作的步骤，简化了组培程序，还降低了生产成本。组培苗瓶外生根比瓶内生根具有更多的优势，主要表现在苗木生长状态和根系发育状态良好，移栽成活率高，且能大幅降低育苗成本。金花茶组培苗瓶外生根的具体操作方法如下：选取健壮的高度为 4.0～6.0cm 的无菌芽，芽基部浸泡生根剂 IBA 500mg/L 溶液 5 分钟后，扦插于植物培养盒内。培养盒中的基质为已消毒好的泥炭土和黄泥（体积比为 2∶1）的混合基质。扦插后要保持盒内的空气湿度在 80% 左右，并且定期给无菌苗喷洒合适浓度的叶面肥和生长素，45 天左右无菌插条基本生根，且生根率高达 85% 以上。

1	2
3	4

图 4-14　金花茶无菌苗瓶外生根情况

1-扦插于植物培养盒内的无菌插条（为避免培养盒内空气湿度过高导致插条腐烂，特意将盒盖戳开细孔）；

2-扦插 45 天后插条基本生根，不加盒盖保湿也能生长良好；

3、4-箭头所指处清晰可见插条基部已生根，根系粗壮且根毛旺盛

（2）体胚发生途径

①胚状体诱导。采集成熟的金花茶种子，剥掉外果皮，培养前先用75%乙醇溶液表面消毒30～60秒，然后用5%～10%的NaClO溶液消毒30分钟，最后在超净工作台上用无菌蒸馏水冲洗，直到洗净为止。将消毒完成的种子切开，将子叶切成$0.5mm^3$的小块，放入初代诱导培养基。胚状体诱导基本培养基采用MS基本培养基，添加激素组合为6-BA 1mg/L+NAA 0.01mg/L+玉米素0.5mg/L，添加蔗糖30.0g/L、琼脂6.0g/L，pH值调整至5.8，诱导产生胚状体，经统计该配方的胚状体诱导率在15%以上。该培养基对金花茶的胚状体诱导效果良好，子叶切块特别是靠近下胚轴的部分在该培养基上长出的胚状体呈黄绿色或乳黄色圆球形。

②胚状体增殖培养。将诱导产生的胚状体转接入诱导胚状体增殖的超低激素浓度培养基上。超低激素浓度培养基采用MS基本培养基，添加激素组合为6-BA $1×10^{-3}$mg/L+NAA $1×10^{-5}$mg/L，添加蔗糖40.0g/L、琼脂6.0g/L，pH值调整至5.8，诱导胚状体增殖。反复切割胚状体，于增殖

图4-15　金花茶种子子叶成功诱导产生胚状体（红色箭头所指）　　图4-16　胚状体继代增殖培养（红色箭头所指为增殖培养获得的胚状体）

| 1 | 2 | 3 |

图4-17　胚状体经诱导分化后长成带根的完整植株
1-胚状体诱导成苗（红色箭头所指为无菌芽，黑色箭头所指为胚状体）；
2-胚状体诱导长根（红色箭头所指）；3-胚状体诱导分化成的完整植株（红色箭头所指）

培养基上培养，又可诱导胚状体增殖。该增殖培养基的培养效果良好，胚状体增殖系数高，且增殖获得的胚状体色泽透亮，质地均匀，活力强，可用于反复增殖培养。

③胚状体出苗培养。将增殖培养获得的胚状体切下，接种至出苗培养基中。出苗培养基采用 MS 基本培养基，添加激素组合为 6-BA 0.5mg/L+NAA 0.1mg/L，添加蔗糖 30.0g/L、琼脂 7.0g/L，pH 值调整至 5.8。在经过 1 个多月培养后，胚状体经诱导长出带根的完整小苗，且小苗叶色葱绿，长势良好，主根粗壮。

（3）组培瓶苗炼苗移栽

当瓶内生根苗在培养室培养至根长约 2cm 时，转移到温室大棚中过渡性培养，其间逐步打开瓶盖的 1/8、1/4、1/2 至全开，让组培苗逐渐适应大棚内的空气湿度和光照。10 天后将苗根部的培养基清洗干净，移栽到穴盘内，穴盘内装有消毒过的泥炭土和黄泥（体积比为 2∶1）的移栽基质。将移栽有金花茶组培苗的穴盘置于大棚内。棚内安装喷灌系统以保持空气湿度在 80% 左右，可大大提高组培苗的移栽成活率，使得成活率达到 90% 以上，在穴盘中培养 2～3 个月后移栽到育苗盆中种植。

1 | 2　图 4-18　金花茶组培苗炼苗移栽后长势良好
1- 从培养基移栽到穴盘 1 个月后的组培苗，已完全适应土壤基质和大棚环境，成活率高，生长健壮；
2- 从穴盘移栽上盆培养半年后的组培苗，成活率高，长势好

上述所用 MS 基本培养基的配方为 KNO_3 1900mg/L，NH_4NO_3 1650mg/L，$CaCl_2 \cdot 2H_2O$ 440mg/L，$MgSO_4 \cdot 7H_2O$ 370mg/L，KH_2PO_4 170mg/L，KI 0.83mg/L，H_3BO_3 6.2mg/L，$MnSO_4 \cdot 4H_2O$ 22.3mg/L，$ZnSO_4 \cdot 7H_2O$ 8.6mg/L，$Na_2MO_4 \cdot H_2O$ 0.025mg/L，$CuSO_4 \cdot 5H_2O$ 0.025mg/L，$CoCl_2 \cdot 6H_2O$ 0.025mg/L，$FeSO_4 \cdot 7H_2O$ 27.8mg/L，$Na_2-EDTA \cdot 7H_2O$ 37.3mg/L，盐酸硫胺素（维生素 B_1）0.1mg/L，盐酸吡哆醇（维生素 B_6）0.5mg/L，烟酸 0.5mg/L，甘氨酸 2mg/L，肌醇 100mg/L，蔗糖 2%～4%，琼脂 6～7g/L。改良 MS 培养基则是根据无菌苗的生长状态，适当地调整 MS 基本培养基中大量元素的含量。上述各阶段无菌苗的培养条件均为温度 25±2℃，光照度 2000～3000lx，每天光照 16 小时、黑暗 8 小时。

第五章 金花茶常见病虫害及其防治

人工栽培金花茶的生长情况受气候环境和养护技术等因素影响，当气候适宜且养护得当时，金花茶鲜有病虫害发生，但若气候不适、养护不当时，病虫害易发。金花茶常见的病害有日灼病、炭疽病等，常见的虫害有茶蚜虫、小绿叶蝉等。现将南宁市金花茶公园在金花茶栽培养护过程中常见的一些病虫害进行概括介绍，主要包括致病原因、为害症状和防治方法等。

一、常见病害及其防治

（一）日灼病

日灼病属生理性病害。金花茶喜半阴环境，全光照的情况下，金花茶叶片很容易被强光照灼伤，造成局部变黄，严重的会造成叶片组织坏死，进而造成叶片提前脱落，影响植株的长势。

防治方法：利用遮阴网或乔木进行遮阴，避免金花茶种植区域有强光照射。

（二）炭疽病

炭疽病属真菌病害，主要为害金花茶的叶片、果实、嫩梢和嫩芽。病斑多出现在叶缘、叶尖、叶脉两侧，初现红色小点，多数斑点轮纹状向外扩展，病斑扩大后连成一片或呈不规则状，有些病斑可扩展至全叶，使叶片大量脱落，严重时导致植株枯死。老病斑稍下凹，中心灰白色，其上密布黑色小点，边缘有宽紫红色晕环，在潮湿的条件下可挤出粉红色胶体，即病原菌的分生孢子和分生孢子堆。

防治方法：合理施肥，增强树势；在金花茶抽新梢时，喷洒70%甲基托布津800倍稀释液进行预防；发病初期，剪掉病叶，喷洒45%咪鲜胺水乳剂600～800倍稀释液或25%吡唑醚菌酯800～1000倍稀释液进行防治，7～10天喷1次，连喷2～3次。

图5-1　金花茶日灼病叶部症状

图5-2　金花茶炭疽病为害症状

（三）叶肿病

叶肿病属真菌病害，主要为害金花茶的嫩叶。叶子受害后畸形、肥厚质脆，随着病情的发展，畸形叶下表皮脱落，露出灰白色粉状物，后期转为黑褐色。

防治方法：在金花茶抽新梢时，喷洒70%甲基托布津800倍稀释液进行预防；发病初期，剪掉病叶和嫩梢，喷洒25%吡唑醚菌酯悬浮剂800～1000倍稀释液或80%代森锰锌可湿性粉剂600～800倍稀释液进行防治，7～10天喷1次，连喷2～3次。

1

2

图5-3　金花茶叶肿病为害症状
1-被叶肿病为害的金花茶嫩梢；2-叶肿病为害后期金花茶嫩梢枯萎

（四）茶藻斑病

茶藻斑病的病原为橘色藻目橘色藻科的寄生性红锈藻，主要为害中下部老叶片。植株感病后，老叶片的正面出现黄褐色或灰绿色病斑。该病斑一般为圆形或近圆形，直径通常在 5～15mm 之间，呈放射状散开。叶片的表面会产生凸起细条的孢子囊与孢子梗。病原藻喜高温，但寄生性弱，多寄生在弱势植株的叶片或多年生而未脱落的老叶上，调查发现嫩叶无寄生。坛洛金花茶、防城金花茶等叶片较厚的金花茶物种较少发病，而薄瓣金花茶等叶片较薄的金花茶物种，感染藻斑病的概率相对较高。

防治方法：地势低洼、阴蔽、湿度大等环境利于病害发生，因此在建立苗圃或种植园时，要注意选择地势平坦或位置稍高的地块；雨后或水位较高时，要注意开沟排水，以防止积水；及时疏枝透光，剪除徒长枝和病枝，营造通风透光的生长环境；适当增施磷钾肥，辅施钙镁肥，以提高植株抗病力；在多雨季节前后或发病初期，喷洒 30% 绿得保悬浮剂 400 倍稀释液、96% 以上的硫酸铜溶液 200 倍稀释液或 12% 绿乳铜乳油 600 倍稀释液进行防治。

图 5-4　金花茶藻斑病为害症状

（五）桑寄生

金花茶地苗和盆苗均易发生桑寄生为害。桑寄生主要寄生在金花茶的枝条和主干上，少数也寄生在叶片上。桑寄生一旦寄生在金花茶上，便形成吸盘、吸根，从寄主皮层开始钻入体内，吸收金花茶的营养，越长越大，形成丛状。金花茶被寄生后，长势逐渐减弱，枝干萎缩，最后整株死亡。

防治方法：加强金花茶种植管理，在发现种植区域出现桑寄生时应及时清除，若是发现大面积桑寄生，则需要将寄主植株砍去，吸根延伸到的地方也一并清除干净。

1	
2	3

图5-5　桑寄生为害金花茶植株
1- 受桑寄生为害后金花茶植株长势变弱（红色箭头所指）；
2- 桑寄生寄生在金花茶叶片上（红色箭头所指）；
3- 桑寄生在金花茶枝干上形成吸盘

二、常见虫害及其防治

（一）茶蚜虫

茶蚜虫属半翅目蚜科昆虫，喜群集为害，趋嫩性强。成虫和若虫常聚集于金花茶新梢嫩叶背面及嫩茎上，刺吸树体汁液，受害叶芽细弱、萎缩、畸形，生长停滞，甚至造成嫩梢枯死。茶蚜虫排泄的蜜露可引起煤烟病，影响金花茶植株的正常光合作用。

防治方法：在发病初期可喷洒 5% 吡虫啉乳油 1500 ～ 2500 倍稀释液或 20% 啶虫脒可溶粉剂 2500 倍稀释液进行防治。

1 | 2
图 5-6　茶蚜虫为害金花茶
1-茶蚜虫为害金花茶嫩叶；2-茶蚜虫为害金花茶花蕾

（二）小绿叶蝉

小绿叶蝉属半翅目叶蝉科昆虫。主要为害金花茶嫩叶，以若虫、成虫刺吸金花茶芽叶、嫩梢皮层汁液，轻者造成叶面出现黄褐色斑点或畸形，重者造成叶面失水萎蔫，甚至干枯坏死。

防治方法：在金花茶抽嫩梢的时候及时喷洒 24% 万灵水剂 800 倍稀释液或 70% 艾美乐水分散剂 15000 倍稀释液进行防治。

图 5-7　受小绿叶蝉为害的金花茶嫩梢

（三）卷叶蛾

卷叶蛾属鳞翅目卷叶蛾科昆虫。主要为害金花茶嫩叶。幼虫时趋嫩性强，在芽梢上吐丝卷叶，啃食叶肉，留下一层表皮，形成透明枯斑。随着虫龄增加，食量大增，躲在叶苞中咬食叶片，并排出黑褐色的虫粪，被害叶片残缺不全。

防治方法：虫害发生初期喷洒3.2%甲维盐微乳剂1500～2000倍稀释液或80%敌敌畏乳油1000倍稀释液进行防治。

图5-8　卷叶蛾为害金花茶嫩叶

（四）非洲大蜗牛

非洲大蜗牛属柄眼目玛瑙螺科软体动物，具有昼伏夜出性、群居性、杂食性，喜阴湿环境。白天栖息于阴暗潮湿的隐蔽处或藏匿于腐殖质多而疏松的土壤下、垃圾堆、枯草堆、土洞或乱石穴内，喜欢在下雨时及夜间出没。以蔬菜、花卉等植物为食，主要为害金花茶嫩叶和嫩梢，特别是春季和秋季金花茶抽发新梢时容易发生为害。

防治方法：利用夜间或雨后，在非洲大蜗牛出来觅食时进行人工捕杀。地面撒石灰粉进行消毒，用量0.25～0.5kg/m^2；撒6%四聚乙醛颗粒诱杀，用量1～2g/m^2。植株喷洒48%毒死蜱乳油1000～1500倍稀释液进行防治。

图5-9　非洲大蜗牛蚕食金花茶嫩枝

（五）根粉蚧

根粉蚧属半翅目粉蚧科昆虫。成虫和若虫吸食金花茶根部周围的汁液，分泌的白色棉絮状物黏附在根部表面或土壤周围，严重妨碍根细胞的分裂伸长，导致根系对水分和养分吸收受阻，使根部干裂、萎缩，叶片发黄或变小，花稀少，生长缓慢，易感病，严重时长势衰弱，甚至死亡。根粉蚧在土壤含水量多且酸性条件下，平均气温在 20.5 ~ 23.5℃时，全年均有发生，且世代重叠。3 ~ 7 月、10 ~ 11 月均为虫害发生高峰期，8 ~ 9 月可因降水而为害减弱，12 月至翌年 2 月因低温活动减弱，虫口密度降低。

图 5-10　根粉蚧为害金花茶根部

防治方法：大批量种植时，苗与苗之间需间隔一定的距离，保持土壤良好的通透性；对已发生虫害的植株使用 40% 毒死蜱乳油 300 倍稀释液或 40% 速扑杀乳油 500 倍稀释液进行浇灌。

（六）斜纹夜蛾

斜纹夜蛾又名莲纹夜蛾，属鳞翅目夜蛾科昆虫。以幼虫为害金花茶嫩叶，从最顶端嫩叶开始啃食，受害处形成多个孔洞或大面积不规则缺口，仅剩下主脉，甚至整片啃光，以致整个苗圃的金花茶都没有完整的嫩叶，严重影响美观和产量。若叶片逐渐老熟转绿，则不再被斜纹夜蛾为害。斜纹夜蛾一年发生多代，世代重叠，在金花茶抽春梢和秋梢时期为害较重。幼虫各龄均不畏光，白天或阴雨天照样为害金花茶。

图 5-11　斜纹夜蛾啃食金花茶嫩叶

防治方法：引进苗木时做好检验检疫工作，检查叶片是否有缺口、虫粪；加强养护，促进叶片老熟，避开为害；悬挂诱虫灯，诱捕成虫，减少种群数量；保护天敌，可喷施生物农药 5% 阿维菌素乳油 1200 ~ 1800 倍稀释液或 20 亿 PIB/mL 核型多角体病毒悬浮剂 300 ~ 500 倍稀释液进行防治；如大面积爆发可喷施 3.2% 甲维盐微乳剂 1500 ~ 2000 倍稀释液或 20% 灭幼脲悬浮剂 500 ~ 1000 倍稀释液进行防治。

（七）绿鳞象甲

绿鳞象甲属鞘翅目象甲科昆虫。除为害油茶、金花茶外，还为害茶叶、柑橘、棉花、甘蔗等。成虫体长 15 ~ 18mm，体黑色，表面密被闪光的粉绿色鳞毛，少数灰色至灰黄色，表面常附有橙黄色粉末而呈黄绿色，有些个体密被灰色或褐色鳞片。成虫啃食嫩叶、老叶和果实，造成叶片、果实缺刻，严重时整株茶苗被啃光，造成严重经济损失。5 月进入虫害高发期。

防治方法：绿鳞象甲善于爬行，白天活动，具有群集性和假死性，利用其特性，可在见到时敲击坠落捕捉；入秋后，进行树干涂白，减少开春上树虫口；虫口密度较大时，可喷施 20% 氰戊菊酯乳油 1000 ~ 1500 倍稀释液或 10% 联苯菊酯乳油 3000 ~ 6000 倍稀释液进行防治。

图 5-12　绿鳞象甲为害金花茶叶片

（八）盲蝽

盲蝽属半翅目盲蝽科昆虫，体型小，稍扁平，触角四节，无单眼，前翅革质部分分为革片、爪片和楔片。多数类群为植食性，除吸食植物叶片的汁液外，尤喜刺吸蕾、花、果实等。若虫和成虫喜食幼嫩叶片，或者近老熟的叶片。为害时以刺吸口器吸食叶片背面，使叶背面沿着网脉形成黑斑，并逐渐扩大，叶片失绿坏死，严重的导致叶片脱落，植株死亡。

防治方法：悬挂黄色粘虫板进行诱杀，悬挂时尽量挂在植株的较高位置，黄色粘虫板粘满后要及时更换。使用 20% 吡虫啉可溶性液剂 2400 倍稀释液和 2.5% 联苯菊酯水乳剂 2800 倍稀释液的混合液，或 25% 噻虫嗪水分散粒剂 2400 倍稀释液和 20% 啶虫脒可溶性粉剂 2500 倍稀释液的混合液，在晴天对金花茶植株叶面和叶背进行均匀喷洒。

图 5-13　盲蝽为害金花茶嫩叶

（九）木蠹蛾

木蠹蛾属鳞翅目木蠹蛾科昆虫。常为害咖啡树、可可树、茶树等。幼虫为害金花茶树干和枝条，致被害处以上部位黄化枯死，或易受大风折断，严重影响植株生长和产量。

防治方法：剪除虫枝，发现有金花茶植株枯死，并在枝条上发现虫孔和圆形颗粒的虫粪，应剪下受害枝条烧毁；在 4 ～ 5 月成虫羽化期，用黑光灯诱捕器诱杀成虫；可以在 6 月上、中旬幼虫孵化期间未侵入树干前，用 50% 杀螟松乳油 1000 倍稀释液或 2.5% 溴氰菊酯乳油 3000 ～ 5000 倍稀释液喷雾毒杀；对已蛀入树干内的中、老龄幼虫，用 20% 毒死蜱乳油 800 ～ 1000 倍稀释液注入虫孔杀灭害虫。

1	2
3	4

图 5-14　木蠹蛾为害金花茶枝干
1-幼虫；2-蛹及被蛀空的树干；
3-虫孔；4-被为害后干枯的树枝

（十）茶牡蛎蚧

茶牡蛎蚧属半翅目盾蚧科昆虫。雌成虫和若虫附着在金花茶枝叶表面吸食汁液，造成叶片沿叶脉部分开始发黄，之后整个叶片逐渐发黄，发生严重时会引起树势衰弱、叶落枝枯。一年发生两代，以受精雌成虫越冬。5月中旬与8月中旬是若虫盛孵期。若虫孵化不整齐，一般约持续1个月。

防治方法：注意引进种苗时的检验检疫，避免种苗带虫；种植不宜过密；虫害发生时使用2.5% 溴氰菊酯乳油3000倍稀释液或40% 狂杀蚧乳油800～1000倍稀释液进行防治，一般喷施1～2次即可将虫口消灭得较彻底。

图 5-15　茶牡蛎蚧为害金花茶叶片

（十一）茶尺蠖

茶尺蠖是鳞翅目尺蠖蛾科昆虫，幼虫移动时一屈一伸形似拱桥，拟态呈树枝状攀附在叶片或枝条上。主要为害金花茶叶片，造成叶片残缺不全，或将叶片啃光，严重时整根枝条干枯。

防治方法：加强金花茶的种植管理；金花茶抽梢时，注意观察叶片或地面上是否有黑色虫粪，以及早发现；虫害发生时，喷洒1% 甲氨基阿维菌素苯甲酸盐乳油2000倍稀释液或2.5% 溴氰菊酯乳油3000～5000倍稀释液进行防治。

图 5-16　茶尺蠖为害金花茶枝叶

第六章　金花茶的开发应用

金花茶作为山茶中的珍品，因蕴含独特的黄色基因、天然丰富的营养物质和微量元素，加之树形美观绰约、花色金黄璀璨、花朵秀丽雅致，所以综合应用价值极高，在药用保健、园林造景、育种研究等方面均极具开发价值。

一、药用保健价值

金花茶的花和叶是广西壮族民间的传统用药，根据《现代本草纲目》《广西中药材标准》等记载，金花茶可用于咽喉炎、肾炎、痢疾、肿瘤、便血、高血压病和月经不调等疾病的防治。经过测试和分析证明，金花茶含有天然有机锗、硒、锰、钒、锌、钴、钼等多种对人体有重要保健作用的微量元素，以及茶多酚、儿茶素、黄酮类、维生素、氨基酸等对人体有用的营养物质。试验研究结果表明，金花茶对人体有特殊的药用和保健作用，对心血管疾病、肿瘤、降血糖、胆固醇和动脉硬化的防治有独特的作用。此外，金花茶还具有独特的抗氧化和抗过敏功效。2010年卫生部批准金花茶为新资源食品，为金花茶在药食同源品或药效营养品方面的研发提供了方向和依据，也在很大程度上促进了金花茶保健品产业的发展。金花茶保健品主要有以下几种类型：

（一）原生花茶系列

现在市场上的金花茶原生花茶系列产品以花朵茶为主，还有叶茶、袋泡茶、饼砖茶，主要加工成金花茶系列绿茶、红茶或者黑茶。

图6-1 金花茶原生花茶系列产品
1、2-花朵茶（广西源之源生态农业投资有限公司提供）；
3-叶茶（广西合浦佳永金花茶开发有限公司提供）；
4-袋泡茶（广西源之源生态农业投资有限公司提供）；
5-饼砖茶（广西桂人堂金花茶产业集团股份有限公司提供）

（二）保健养生系列

市场上的金花茶保健养生系列产品主要有金花茶含片、饮料、浓缩液、养生酒等。

（三）美容护肤系列

金花茶相关日用品以美容护肤系列产品为主，有金花茶面膜、面霜、爽肤水、精华液、洁面慕斯、牙膏等。

（四）食品添加系列

金花茶食品添加系列目前主要有金花茶超微抹茶粉等。

| 1 | 2 |
图 6-2　金花茶保健养生系列产品
1—金花茶口服液（广西桂人堂金花茶产业集团股份有限公司提供）；
2—金花茶养生酒（广西源之源生态农业投资有限公司提供）

| 1 | 2 |
图 6-3　含金花茶成分的日用品（广西桂人堂金花茶产业集团股份有限公司提供）
1—金花茶面膜；2—金花茶牙膏

二、园林景观应用

茶花作为中国十大传统名花，在中国乃至世界范围内都深受人们的赞美和喜爱。金花茶因其花色金黄有蜡质，花朵高雅别致，加之树形紧凑美观，叶色浓绿有光泽，人们爱之更甚，在国内被誉为"茶族皇后""植物界大熊猫"，国外则称之为"幻想中的黄色山茶"，当之无愧是园林中的珍品。现以南宁市金花茶公园的金花茶园林造景应用为例阐述金花茶在园林景观中的应用。

（一）作为主景观赏

金花茶是常绿灌木或小乔木，当将其作为景观的观赏主体时，通常会采用孤植、群植或片植的种植形式。孤植的金花茶，一般挑选姿态优美、树冠饱满、花繁叶茂的植株，种植于庭院一隅、草坪焦点、建筑物前或道路转角等明显位置，突出个体美带来的视觉效果。若群植、片植金花茶树，则不必太注重个体植株特点，只需将其或集中成片，或高低错落、三五成群地种植，形成茂密的植丛，花开时金花点点密布，观赏体验强烈，突出金花茶丛林的景观效果。南宁市金花茶公园在运用金花茶造景时，采取少量孤植、大量丛植以及群植的方式，以突出金花茶开花时的观赏效果。

```
    ┌── 2
1 ──┤
    └── 3
```

图6-4　金花茶造景
1-孤植的金花茶；2-丛植的金花茶；3-群植的金花茶

（二）与其他植物或建筑物等搭配成景

金花茶与其他植物或建筑物搭配种植，以求实现植物与植物、植物与建筑物之间的相互衬托、相辅相成，又力求从视觉角度烘托出金花茶之美。

1. 巧借水系打造驳岸景观

金花茶耐阴湿，水边种植、搭配溪边置石，符合其原生环境特征。南宁市金花茶公园的水系由沐石溪和颖湖组成，颖湖开阔，湖边驳岸景观以乔木为主，显得大气明朗，沐石溪窄而蜿蜒曲折，毛石驳岸粗糙生硬，因此在溪边原有地被植物基础上大片增种金花茶作为中层植物，使整个植物组团柔和了毛石的生硬线条，并与景石相配，形成丰富茂密的驳岸景观，其高低起伏的树冠线顺着蜿蜒的溪流在视觉上若隐若现，增加了溪流的曲折错落，显得幽静有趣、花木丛深。

图6-5　金花茶驳岸景观

2. 与建筑、景观小品相掩映提升意境

金花茶与建筑、景观小品的结合主要体现在南宁市金花茶公园的各景点上，如茶花苑、金花茶故乡等。公园的建筑物、构筑物少而精，有亭子、长廊、石船舫、石桥、石雕、景墙等，本身就具有一定的观赏性，但为了打破建筑的生硬感，并丰富景观的构图空间，公园根据各景点的不同主题、不同体量的构筑物，将品种和规格合适的金花茶配植在建筑物、构筑物周围，既能形成私密性或半私密性的围合感空间，又能借助建筑的墙、窗、花纹等衬托金花茶，相互掩映，提升意境，相

得益彰。如金花茶故乡的金茶映月廊两端入口与廊边，《神牛茶缘》雕塑周围，曼陀桥的桥头，金花茶基因库入口的影壁前，精心种植的金花茶与茶梅、鹤望兰、鸢尾等小灌木地被，形成高低层次，愈加烘托出建筑物、构筑物的精致，增添了文化韵味。

图6-6　配植在金茶映月廊入口的金花茶，使整个景观画面生动丰富起来

图6-7　《神牛茶缘》雕塑周围种植的金花茶

图6-8　金花茶对植在曼陀桥桥头两侧，与桥、湖相映成景

3. 结合草坪变化空间

南宁市金花茶公园内种植在草坪上的金花茶大多位于草坪边缘区域，在草坪与麦冬、白蝴蝶等地被交界处，先是在草坪边缘零散点缀几株，再逐渐向边缘半阴部分过渡，慢慢将金花茶加密，从丛植到群植，弱化草坪边界，在景观上起到空间划分、围合的作用，让人们在游览时感觉到从开阔、疏朗渐变到围合、浓密的空间变化，不仅丰富了游园体验，而且提升了金花茶景观的观赏效果。

4. 与其他植物搭配，丰富植物群落空间

金花茶属常绿观花灌木或小乔木，在与其他植物搭配造景时，合理选用乔、灌、草进行组合配置，可以营造出丰富的植物群落景观。南宁市金花茶公园在园林造景时多选用秋枫、木棉、人面子、麻楝、萍婆、仪花、无忧花等作为上层乔木，由含笑、南天竹、杜鹃等小灌木与金花茶搭配组成中层景观，耐阴的开花或彩叶地被如竹芋、山菅兰、鸢尾、麦冬等作为最底层地被植物。在层次上，高大的上层乔木与中层植物拉开距离，视线通透却又不失围合感，中下层是大有可为的植物配置空间，有时一株大龟背竹搭配种植在一丛金花茶旁，临近麒麟尾绕大乔木而上，丛林意境跃然眼前。

图 6-9　金花茶与其他植物搭配成景

三、育种研究

传统茶花以白、红、粉、紫及杂色花朵为主，开黄色花的茶花比较罕见。而金花茶是山茶科植物中唯一开金黄色花朵的原生物种，其蕴藏独特的黄色基因，为培育出更加绚丽多彩的黄色茶花新品种提供了宝贵的种质资源。随着科技的发展，育种手段趋于多样化，除传统的杂交育种等方法外，分子育种技术也日新月异，金花茶中的一些特定基因片段，也是分子育种研究的热点。

（一）杂交育种

杂交育种是指不同种群或不同基因型个体之间进行杂交，通过在其杂交后代中进行选择从而培育出优良新品种的方法。因为杂交育种可以让基因重新组合，能够分离出更多的变异类型，为选育优良的新品种提供更多的机会，所以杂交育种是较常用且有成效的育种途径，其地位不可取代。

杂交育种是对金花茶优秀种质资源利用的传统方式，也是较安全、有效、直接的利用方式。利用优良金花茶物种资源作为亲本，通过杂交育种的方式将各物种含有的优秀基因有机地融合在一起，有目标地广泛开展金花茶新优品种创制研究，力争获取集高产（花量多）、优质（营养成分含量高）、速生、抗逆性强等优良性状于一体的生产用金花茶新优品种，或者集黄色、花大、花多、花香、重瓣等优良园艺性状于一体的观赏用金花茶新优品种。

南宁市金花茶公园早在 1982 年就开始组织科研人员对金花茶进行杂交育种研究工作，至今已取得了可喜的成果，成功培育出了 11 个园艺性状优良、具有较高观赏价值的金花茶杂交新品种——"新紫""碧柳金花""冬梅迎春""睡美人""新黄""冬月""回归""金背丹心""晓月红颜""潋艳佳人""冬阳之海"，并在多届茶花展上屡获嘉奖。近几年，公园科研人员又陆续培育获得金花茶杂交种苗几百株，并进行跟踪观测，根据其相关优良性状筛选名优品种适时进行新品种权登陆和申报。

（二）分子育种

分子育种是现代前沿的生物育种方式，是将分子生物学技术应用于育种中，在分子水平上进行育种，通常包括分子标记辅助育种和遗传修饰育种（转基因育种）。分子育种在山茶属植物育种中的应用起步较晚，但在最近几年发展较快，目前在金花茶组植物中也已有应用研究。唐绍清等人用 AFLP（扩增片段长度多态性）、RAPD（随机扩增多态性 DNA）等分子标记方法对金花茶组植物进行了分类研究；肖政等人利用 ISSR（简单重复序列间扩增）分子标记技术对南宁市金花茶公园 29 份金花茶种质进行遗传结构分析，确定其亲缘关系；周兴文、李纪元等人对金花茶花色控制基因进行了克隆、表达研究，并成功使 3 个转基因烟草株系花色由对照组的粉红色变为淡红色或淡黄色。分子育种技术在金花茶组植物中的应用，对金花茶植物资源的有效合理保护和利用及新品种培育等方面有着重要的理论指导和实践意义。

1	2	3
4	5	6
7	8	9
10	11	12

图 6-10　南宁市金花茶公园选育的金花茶杂交新品种

1-新紫；2-碧柳金花；3-冬梅迎春；4-睡美人；5-新黄；6-冬月；

7-回归；8、9-金背丹心；10-晓月红颜；11-激艳佳人；12-冬阳之海

中文名索引

拉丁学名索引

参考文献

［1］梁盛业.金花茶［M］.北京：中国林业出版社，1993.

［2］梁盛业，陆敏珠.中国金花茶栽培与开发利用［M］.北京：中国林业出版社，2005.

［3］庞正轰.经济林病虫害防治技术［M］.南宁：广西科学技术出版社，2006.

［4］沈海龙，等.树木组织培养微枝试管外生根育苗技术［M］.北京：中国林业出版社，2009.

［5］胡繁荣.植物组织培养［M］.北京：中国农业出版社，2009.

［6］TRAN N，HAKODA N.Các Loài Trà ở Vườn Quốc Gia Tam Đảo［M］.Hà Nội：GTZ，2010.

［7］管开云，李纪元，王仲朗.中国茶花图鉴［M］.杭州：浙江科学技术出版社，2014.

［8］OREL G，CURRY A S. In pursuit of hidden camellias 32 new camellia species from Vietnam and China［M］.
2th edition.Sydney：Theaceae Exploration Associates，2015.

［9］王定江.贵州珍稀园林观赏植物图谱［M］.贵阳：贵州科技出版社，2016.

［10］徐治，译.陈有民，陈俊愉，校.金花茶在日本的现状和展望［C］//《金花茶育种与繁殖研究》论文
及资料汇编.1986：3-5.

［11］TRAN N，LE N H N.越南三岛国家自然公园的金花茶［C］//中国广西（南宁）第三届金花茶国际学
术论坛论文集.2013：9-14.

［12］肖政，李纪元，李志辉.南宁金花茶公园 29 份金花茶种质的亲缘关系分析［C］//中国广西（南宁）
第三届金花茶国际学术论坛论文集.2013：50-57.

［13］LE N H N，LUONG V D.越南金花茶物种概述［C］//大理国际茶花大会论文集.国际茶花协会，
2016：73-77.

［14］周兴文.金花茶花色相关基因的克隆及其功能研究［D］.北京：中国林业科学研究院，2012.

［15］黄晓娜.南宁市金花茶公园金花茶病虫害现状与防治对策［D］.南宁：广西大学，2015.

［16］闵天禄，张文驹.山茶属古茶组和金花茶组的分类学问题［J］.云南植物研究，1993，15（1）：1-15.

［17］ TRAN N，NAOTOSHI H. Three new species of the genus *Camellia* from Vietnam［J］.International
Camellia Journal，1998，30：76-79.

［18］高继银，杜跃强，沈剑.手把手教你茶花嫁接（之三）：劈砧嫁接法［J］.中国花卉盆景，2002（12）：
20-21.

［19］谢玉华.植物命名中的模式标本［J］.内江师范学院学报，2003，18（6）：45-48.

［20］唐绍清，施苏华，陈月琴，等.金花茶与近缘种的 RAPD 分析及分类学意义［J］.中山大学学报（自
然科学版），1998，37（4）：28-32.

［21］唐绍清，杜林芳，王燕.山茶属金花茶组金花茶系的 AFLP 分析［J］.武汉植物学研究，2004，22（1）：44-48.

［22］箱田直纪.ベトナムのツバキ・最新情报［J］.園芸文化，2005（2）：46-62.

［23］蒋昌杰，李志辉，罗燕英.人工栽培金花茶常见虫害的防治［J］.农业研究与应用，2011（5）：75-76.

［24］杨永.我国植物模式标本的馆藏量［J］.生物多样性，2012，20（4）：512-516.

［25］高继银，严丹峰，钟乃盛，等.茶花覆膜快捷嫁接法［J］.中国花卉盆景，2013（1）：12-13.

［26］叶创兴，叶银珠.我国茶花育种展望与建议［J］.广东园林，2013，35（2）：52-55.

［27］潘丽芹.浅析分子育种技术在山茶属植物中的应用［J］.中国园艺文摘，2015（4）：53-56.

［28］陈银霞，唐山，赵松子.金花茶花色遗传研究进展［J］.南方林业科学，2015，43（6）：39-41，55.

［29］董佳丽，于晓英，盛桢桢.木本花卉杂交育种研究进展［J］.安徽农业科学，2015，43（17）：246-248，254.

［30］贺栋业，李晓宇，王丽丽，等.金花茶化学成分及药理作用研究进展［J］.中国实验方剂学杂志，2016，22（3）：231-234.

［31］孔桂菊，袁胜涛，孙立.金花茶药理作用研究进展［J］.时珍国医国药，2016，27（6）：1459-1461.

［32］李桂娥，文萍，李志辉，等.不同处理方法对金花茶组培苗不定根发生的影响［J］.安徽农业科学，2016，44（10）：157-159.

［33］李桂娥，李志辉，罗燕英，等.金花茶组培快繁体系的建立［J］.农业科学研究，2017，38（3）：17-20，24.

［34］谢彩文.茶族皇后"厚"谁家：广西金花茶产业市场走向观察［J］.广西林业，2018（4）：9-12.

［35］李桂娥，李志辉，蒋昌杰，等.越南黄抱茎金花茶和多毛金花茶在南宁的引种表现［J］.湖南农业科学，2018（5）：8-11.

［36］李志辉，蒋昌杰，漆娅，等.红顶金花茶在广西南宁的扩繁技术研究［J］.农业研究与应用，2019，32（2）：1-4.

［37］张皖，莫杰姝，邓国菲.金花茶在园林造景中的应用研究：以南宁市金花茶公园为例［J］.园林，2021（4）：32-37.

［38］李桂娥，漆娅，蒋昌杰，等.2 个越南金花茶物种的形态特征及识别要点［J］.农业研究与应用，2021，34（3）：58-64.

致谢

在本书的材料收集和编撰过程中，得到许多专家、学者及茶花界朋友的大力支持，我们永远不会忘记他们的无私帮助，在此一并致以我们最诚挚的谢意。

感谢国际山茶协会主席、博士生导师、研究员管开云和金花茶育种专家、高级工程师黄连冬为本书作序。

感谢广西林业科学研究院高级工程师林建勇，广西中医药研究院副主任药师严克俭、助理研究员胡仁传，广西植物研究所研究员许为斌、林春蕊，昆明植物研究所研究员杨世雄，为我们提供金花茶模式标本照片。

感谢广西源之源生态农业投资有限公司、广西桂人堂金花茶产业集团股份有限公司、广西合浦佳永金花茶开发有限公司为我们提供金花茶相关产品图片。

感谢金花茶爱好者曾真新先生提供其所作七言绝句《金花茶》，用于本书封底。

感谢所有南宁市金花茶公园的领导及同事，对本书出版给予大力支持和帮助。

感谢南宁市培养新世纪学术和技术带头人专项资金资助本书出版，感谢几年来南宁市科学研究与技术开发计划给予项目资金资助，让我们的科研团队能够在金花茶领域不断地探索与创新。

《国内外金花茶物种图鉴》是对南宁市金花茶公园金花茶科研工作的一个全面总结，也是我们在金花茶事业上锐意进取的一个新起点。金花闪闪耀光芒，吾辈当自强，我们将始终怀着一颗感恩与谦虚的心，在金花海洋中遨游，期待更多的收获。

编者

2021 年 4 月 25 日